# 生态环境管理体制改革研究论集

Studies on Reform of Ecological and Environmental Management System

黄文平 /主编

陈 亮　于 宁　肖学智　洪 都 /副主编

人 民 出 版 社

解振华与崔少鹏在交谈

解振华与翟青、黄文平在交谈

解振华与戴文德（Devanand Ramiah）在交谈

会议代表见面交谈

中外领导嘉宾合影

会议代表合影

责任编辑：宋军花
封面设计：林芝玉

**图书在版编目（CIP）数据**

生态环境管理体制改革研究论集 / 黄文平 编 . —北京：人民出版社，2019.11
ISBN 978 – 7 – 01 – 021438 – 2

I. ①生… II. ①黄… III. ①生态环境 – 环境管理 – 体制改革 – 中国 – 文集
IV. ① X321.2–53

中国版本图书馆 CIP 数据核字（2019）第 223854 号

**生态环境管理体制改革研究论集**
SHENGTAI HUANJING GUANLI TIZHI GAIGE YANJIU LUNJI

黄文平 主编

陈 亮 于 宁 肖学智 洪 都 副主编

人民出版社 出版发行
（100706 北京市东城区隆福寺街 99 号）

北京建宏印刷有限公司印刷 新华书店经销

2019 年 11 月第 1 版 2019 年 11 月北京第 1 次印刷
开本：710 毫米 ×1000 毫米 1/16 印张：18 插页：2
字数：239 千字

ISBN 978 – 7 – 01 – 021438 – 2 定价：60.00 元

邮购地址 100706 北京市东城区隆福寺街 99 号
人民东方图书销售中心 电话（010）65250042 65289539

# 目　录

## 第一部分
## 新时代生态环境管理体制改革



## 第二部分
## 生态环境管理体制

## 第三部分
## 生态环境保护综合执法体制



## 第四部分
## 应对气候变化管理体制

## 第五部分
## 附 录

# 第一部分

# 新时代生态环境管理体制改革

# 深入推进新时代生态环境管理体制改革

解振华 ①

2017 年 10 月，党的十九大胜利召开。党的十九大报告提出，中国特色社会主义进入了新时代，我国社会主要矛盾已经转化为人民日益增长的美好生活需要和不平衡不充分的发展之间的矛盾。习近平总书记站在“事关中华民族永续发展的千年大计”的高度，再次强调了生态文明建设的重要性。2018 年 5 月，习近平总书记在全国生态环境保护大会上发表重要讲话，系统阐述了“习近平生态文明思想”，深刻回答了为什么建设生态文明、建设什么样的生态文明，以及怎样建设生态文明的重大理论和实践问题。这是新时代推动生态文明建设的根本遵循。

建立系统协调、运行高效的生态环境管理体制一直是习近平总书记强调的内容。党的十九大报告提出，加强对生态文明建设的总体设计和组织领导，设立国有自然资源资产管理和自然生态监管机构，统一行使全民所

① 解振华：中国气候变化事务特别代表。

有自然资源资产所有者职责，完善生态环境管理制度，统一行使所有国土空间用途管制和生态保护修复职责，统一行使监管城乡各类污染排放和行政执法职责。2018年3月，全国人大通过了新一轮党和国家机构改革方案，分别组建自然资源部、生态环境部、国家林业和草原局等部门，解决了一些长期解决不了的问题，有力推进了生态文明建设领域的职能整合。到目前为止，相关中央部门的“三定”规定均已获国务院批复，地方层面也正在紧锣密鼓地进行改革方案设计。

目前看，这一次机构改革有助于解决众多根深蒂固的体制弊端，为满足人民日益增长的优美生态环境需要奠定良好的体制基础。但另一方面，在发展转型过程中政府机构改革始终是一个核心话题，落实本次生态环境管理体制改革仍面临一些挑战，政府未来还需进一步推进自身改革建设，为实现生态环境治理体系和治理能力现代化奠定基础。

## 一、我国的生态环境管理体制是在适应不同时代生态环境保护要求下不断演进的

我国的生态环境行政管理体制，是在传统的自然资源国有和集体所有制框架下，以及计划经济体制和资源开发计划管理体系下逐步建立的，并伴随市场化改革和环境问题的不断出现，历经多次行政体制改革，逐步形成以政府主导和行政管理为特征的统分结合管理体制。这一体制安排是在快速的工业化和城镇化背景下建立的，在实现主要污染物浓度和总量控制、加强资源专业化管理和保护等方面产生了良好的效果，但随着我国进入社会主义新时代，实现生态环境质量根本改善、保护生态系统的完整性和原真性成为战略目标，这也对传统生态环境管理体制提出新的要求。具体来看，主要体现在四个方面需要发生转变。

第一，特定发展阶段下形成的体制安排需要从“增长优先”转向“保护优先”，这意味着资源和生态环境保护相关主管部门必须发挥更加重要的作用。改革开放以来，我国在国家战略上突出了“发展是第一要务”，受此影响，政府的管理体制中经济管理职能非常强大。相应的，生态环境保护的职能就相对弱小，权威性不足。特别是过度偏重 GDP 增长的干部考核机制，鼓励了地方政府把生态环境保护让位于经济增长。这是经济发展阶段所决定的，但也客观上造成了我国没有摆脱“先污染后治理”的道路。因此，需要“以节约优先、保护优先、自然恢复为主”的方针来统领未来的体制和职能转变。

第二，生态环境保护职能需要从以往分散的资源环境要素管理逐步走向保护生态系统的完整性、原真性与生态环境综合管理。20 世纪八九十年代，我国许多资源管理和污染防治职能是分散在各个行业部门，随着资源环境问题日益严重和我国向社会主义市场经济转型，相关职能不断由行业主管部门向环境保护部门集中。但是，仍有诸多资源管理、生态保护、污染防治职能一直分散在水利、住建、国土、林业等部门，这虽然有利于根据资源环境属性进行专业管理，但也与生态系统的完整性保护、综合管理及可持续发展理念有所冲突。

第三，从所有者和监管者区分不明、运动员与裁判员集于一身，向执行与监管相互分离和制衡的方向转变。改革开放后前 10 多年，在实践中，随着我们不断认清环境建设与环保监督的相互关系，使得环境保护部门逐步从建设部门中独立出来，但在全民所有自然资源的所有者、监管者相分离方面，我们一直都没有很好地解决。各级政府部门既代行土地、林地、海域、矿产等资产的开发经营管理的职能，又履行资源保护和生态建设的职能。后果是既没有很好地保障国有自然资源所有者和利用者的资产权益，也没有很好地实现资源与生态环境保护的公共功能，生态系统保护效果不佳。

第四，从中央地方事权不清、财权匹配不合理，向责权清晰、不断优化事权财权配置转变，建立相对独立的监测评估和监管体制。各级政府之间事权划分主要依据法律法规和“三定”规定，但由于法律法规等规定得不清晰，中央事权、中央地方共同事权和地方事权并没有清楚地划分。2014年，新环保法通过后，进一步明确了地方政府对当地环境质量负责，但多数地方仍然不具备与法律规定相应的财力。在地方政府的体制框架内，地方各级资源和生态环境保护部门难以形成独立监管的体制机制，“站得住的顶不住、顶得住的站不住”的情况比比皆是。因此，只有通过进一步的体制机制改革，使事权财权得到优化配置，才能有效落实法律法规的相关责任义务。

## 二、新一轮生态环境管理体制改革取得的主要进展

针对新时代生态文明建设的要求，党的十八大特别是党的十八届三中全会以来，我国在生态文明体制改革框架下实施了生态环境管理体制改革，具体包括：一是推动了中央层面的职能整合，如将分散在有关部门的确权登记职能集中在国土资源部，实施了不动产统一登记；二是强化协调机制，以试点方式推动空间规划、市县多规合一、国家公园体制改革等；三是逐步调整中央和地方事权，如环境质量监测事权上收取得较大进展。这一系列改革举措极大地推动了生态文明建设步伐和生态文明治理体系的构建与完善。

党的十九大之后，我国启动了新一轮党和国家机构改革，这是我国推进国家生态环境治理体系和治理能力现代化的必然选择。它按照“山水林田湖草”统筹治理的理念，改变了“不调整机构、仅整合职能和建立协调机制”的阶段性做法，针对体制弊端重组了资源和生态环境保护机构，调整了相关职能，不仅进一步理顺了生态文明领域的职能、机构设置和部门

关系，也让党的十八届三中全会以来的生态文明制度建设得以在体制上固化。初步看，新一轮生态环境管理体制改革具有如下效果。

一是按照大部门制改革的思路，基本实现了污染防治、生态保护、统一监管等方面的大部门制安排，为解决制度碎片化问题奠定了良好的体制基础。这也是本次改革最大的亮点和特征。将分散在国土、水利、农业、海洋等部门的环境保护职能整合到生态环境主管部门，特别是使之前碎片化较为严重的水环境保护职能进一步集中；组建国家林业和草原局，统筹负责自然保护区、风景名胜区、自然遗产、地质公园、国家公园等各类自然保护地管理职责等。生态环境部和自然资源部的资源和生态环境保护职能都大大扩充了，有利于生态环境保护与资源管理职能的相对统一和有效发挥。

二是分离了自然资源所有者的建设及管理职责和监管者的监督及执法职责，在一定程度上实现了制度设计对执行与监管的要求。自然资源部负责履行全民所有各类自然资源资产所有者职责，负责资产确权与保值增值；负责覆盖全部国土空间的空间规划编制和用途管制等建设管理职责。同时，生态环境部负责统一实行生态环境监督执法，整合环境保护和国土、农业、水利、海洋等部门相关污染防治和生态保护执法职责、队伍，从而实现了所有者和监管者的相对分离。这种体制安排有利于实现“节约优先、保护优先”的要求，有利于加强自然资源开发的生态环境保护监管。这是我国生态环境治理体系的一次深刻变革，符合生态系统的整体性、系统性保护。

三是生态环境保护的统一性、权威性有所增强。生态环境部下设中央生态环境保护督察办公室，监督生态环境保护“党政同责、一岗双责”落实情况，根据授权对各地区各有关部门贯彻落实中央生态环境保护决策部署情况进行督察问责。建立健全生态环境质量监测体系，实行中央垂直管理，有利于保证数据的真实性和可靠性，有利于污染治理的绩效导向，为监督、考核和问责奠定良好的基础，为落实新环保法“地方各级人民政府应当对本行政区域的环境质量负责”提供体制和组织保障。党的十九大报告在评价过去五年进展时，认为全党全国贯彻绿色发展理念的自觉性和主动性显著增强，忽视生态环境保护的状况明显改变。我们预期未来该趋势将会进一步加强。

## 三、充分发挥生态环境管理体制改革效能仍需解决的问题

改革是“一分部署，九分落实”。充分发挥生态环境治理方面的大部门制改革效果，既图愿景，更重实操，才能满足我国资源和生态环境领域大手笔规划保护和生态系统功能维系的需要。目前看，本次生态环境管理体制改革仍面临一些挑战，需要在执行中深化和探索，就生态环境部而言，主要涉及以下五个方面问题。

一是与自然资源部门在处理生态保护方面仍存在潜在冲突。生态系统是一个整体，自然资源与环境保护都在这个系统之内。我们在之前研究中提出，我国资源环境问题的长期解决方案是将环境、资源和生态保护整合到一个部门，但该方案调整范围过大，综合管理和专业化管理的矛盾比较突出，因此近期内污染防治职能适当集中和自然资源管理职能适当集中的方案比较可行，但难免会遗留一些问题。

这次改革印证了之前的判断，我们也预期到处理好两部门关系将是一个长期课题。第一，生态环境部门被定位为监管者，监管自然保护地的保护，监督野生动植物保护、湿地生态环境保护、荒漠化防治等工作。但在相关资源监测、调查和统计职责都进一步集中在自然资源部门的情况下，长期聚焦于污染防治工作的生态环境保护部门可能缺乏足够的专业技术和能力、数据和信息支撑来履行监督职责。第二，从生态系统和环境系统的整体性来看，无论是污染防治还是生态保护都需要系统整治和管理，才能

标本兼治，即在生态系统和区域流域层面进行系统综合防治，保护生态系统的完整性、原真性。生态环境部门与自然资源部门的关系要超出“所有者”与“监管者”的范畴，未来两部门要在宏观决策方面强化沟通，才能增强决策的科学性与合理性，共同促进生态环境质量的根本改善。

二是与综合经济部门在处理应对气候变化和绿色低碳发展方面的职能协调。气候变化管理职能调整到生态环境部，是一次重大体制安排，其核心目标是实现大气常规污染物减少排放及温室气体排放控制的协同效益。但另一方面，两者的区别也较为明显，大气常规污染物减少排放更多地依靠以生产全过程和末端治理为主，温室气体排放控制以能源与产业结构调整、生产与消费方式转型为主；换而言之，实现了低碳发展目标，意味着大气污染问题可以得到缓解，但反过来却不具有必然关系。在经济发展方式转型的职能主要在综合经济部门和行业主管部门的情况下，这实际上对生态环境部门的综合协调能力提出了较高的要求，因此必须更加注重发挥国家应对气候变化领导小组的顶层设计作用。同时，在地方层面，也需要地方生态环境部门负起应对气候变化责任，将应对气候变化工作纳入各地方生态环境行政管理部门的业务范围，并加强相关能力建设。

三是与国家林业和草原局在自然保护地方面的保护和监管关系。《深化党和国家机构改革方案》提出，整合自然保护区、风景名胜区、自然遗产、地质公园等管理职责，由新组建的国家林业和草原局负责。生态环境部门负责组织制定各类自然保护地生态环境监管制度并监督执法。这两者实际上有较大程度的重叠。鉴于自然保护地以公益性自然资源为主，国家林业和草原局对自然保护地的管理将突出其生态环境属性，并突出生态系统的保护与服务功能的完善，因此，一方面，需要国家林业和草原局肩负起系统保护的责任和任务；另一方面，生态环境部门围绕自然保护地生态环境监管制度的制定和监督执法也需要与国家林业和草原局协调好责任分工，共同做好生态系统的保护工作。

四是与水利、渔政、航运等部门以及上下游、左右岸在流域综合管理方面的跨部门跨行政区职能统筹。在原水利部的编制水功能区划、排污口设置管理、流域水环境保护等职责整合到生态环境部之后，水环境管理体制已得到理顺，流域水环境管理上将实行以生态环境部为主的双重管理。但一方面，流域管理的最终目的是要走向流域综合管理体制，需要权衡水资源利用、水环境保护、经济发展等多种目标，实现科学调度，协调生态用水、生活用水和生产用水，因此还要进一步建立健全流域治理结构，将渔政、航运等部门以及上下游等各利益相关方纳入其中，进一步解决“九龙治水”问题；另一方面，还需要进一步整合流域管理体制与河长制的关系，进一步拓展仅限于行政区划内的河长制安排，从流域综合管理的角度统筹流域开发、保护与可持续发展。

五是建立健全环境与发展综合协调机制。这也是体制改革过程中难于处理的内容。中央明确生态文明建设坚持以节约优先、保护优先、自然恢复为主的方针，但在实践中由于积重难返，同时缺乏清晰的转型路径，短期内难以真正落地。在实践中，从“增长优先”向“保护优先”过渡，要么被地方忽视，要么用力过猛，超出对过去形成问题的正确认识和判断，与目前阶段的能力、任务和转型的要求不合拍，把握不好力度和节奏。一些地方短期内找不到兼顾改革、发展和保护的新发展方式，企业也难以适应这种政策的快速转型。

## 四、深入推进新时代生态环境管理体制改革

时代变革的背景下推动政府机构改革是必然选择。各国政府一直都在推动自身变革，来努力适应社会经济变化和回应公众诉求。我国生态环境管理体制改革不会一蹴而就，也不可能一劳永逸。在完成政府生态环境管

理机构的合并分拆重组后，下一步要围绕转变职能、提高效能、强化机制创新和能力建设，全面建成适应建设美丽中国要求的生态环境管理体系新格局。

（一）利用机构改革契机，加快推进职能转变、明确职责，完善面向治理体系和治理能力现代化的生态环境保护管理体制。通过新一轮党和国家机构改革，形成了生态文明建设领域新的政府组织机构框架，未来需要在该框架下进一步调整、细化和明确相关部门职责关系，构建职责明确的政府治理体系，防止出现职责重复、多头管理、推诿扯皮等情况。

一是进一步理顺政府部门间的职责关系。在生态保护领域，要抓紧研究生态保护监管的内涵、途径和方式，进一步强化统一监管，为生态环境部履行生态保护监管职责、明确分工奠定基础；在应对气候变化方面，建议强化国家应对气候变化领导小组的顶层设计，完善统筹协调机制，按照绿色低碳发展长期目标和规划要求，明确各部门的分工与合作，发挥好协同效应；在自然保护地方面，应进一步明确国家公园的法律定位和标准，依法依规构建以国家公园为主体的自然保护地体系，在不断完善生态系统服务功能的基础上协调好保护与发展的关系，避免盲目的“先画圈、再保护”的现象及可能产生的“后遗症”，发挥好对保护工作的监管作用，协调好有关部门的分工，理顺相互关系；在解决流域性、区域性资源环境问题方面，要构建符合现阶段特点和治理要求的体制机制，尊重自然规律、科学规律和各利益相关方诉求，在保护优先的前提下处理好区域、流域内资源配置、合理利用与冲突解决。以起草长江保护法为契机，构建流域保护与可持续发展的法律法规体系，考虑到中央已明确部署的河长制、按流域设置环境监管和行政执法机构等相关改革任务，为加强流域统筹，建议由生态环境部门会同有关部门负责构建包括河长制在内的现代流域综合管理体系，实现流域、区域治理体系与治理能力的现代化的组织实施工作。在上述工作基础上，对决策、执行、监督监管等事项进行一定程度的分离，分清主次责任，同时还要加快研究界定和划分生态环境领域的中央地方事权财权，构建事权与财力相匹配的中央地方权责体系，完善“保护优先”的财政转移支付、政府购买服务和生态补偿等相关制度。

二是加快推进部门内相关职能的整合转变。机构改革与职能转变是管理体制改革的一体两面，前者是载体，后者是主要目的。应进一步推动制度整合和职能转变，以不断改善生态环境质量为目标，整合排放许可证、环境影响评价、总量控制、污染排放标准、环境税等制度，进一步明确其相互关系，突出排放许可证的核心制度定位；科学合理有序地建立防治常规污染与应对气候变化的协同机制，重视转隶后地方应对气候变化工作的职责巩固与能力提高；应加快构建以国家公园为主体的自然保护地体系，以维护生态系统的完整性和原真性为目标，推进国家公园体制改革，明确保护对象并处理好与原住民以及土地权属关系，除了关注国家公园的设立、审批等项工作，还要全方位考虑生态系统的整体性保护与各类生态产品服务功能的提高。

（二）强化机制建设和创新，实现生态文明建设职能的有机统一，增强体制运行效能。生态环境大部门制只能解决环境内部各个要素的协调，而无法处理环境与自然资源管理、经济发展之间的关系。国外的许多实践证明，高规格协调机构对生态环境保护有着不可估量的重要作用。在当前经济发展面临多重挑战、污染防治攻坚战形势严峻、生态系统保护实施综合治理的情况下，有关部门在制定政策措施时需要避免仅从自身职能出发制定影响全局的政策措施。应在体制创新的基础上，推动机制创新，通过强化利益相关方参与，构建高效的协调议事机制、统筹决策机制，并作出程序性规定，提高体制改革的成果与效率。

一是建立健全生态文明建设的协调议事机制和程序。适时成立中央生态文明建设委员会，集中领导保护、发展、安全等方面的协调工作，就跨部门、跨领域改革任务做好顶层设计和督察实施，制定中国绿色转型的战略及其路线图、时间表和优先序。

二是推动完善生态环境保护科学决策和民主决策。完善决策机制，在重大行政决策前做好部门协调、专家咨询和公众参与等工作，形成有法律法规明确规定的可操作性规则。强化信息披露和责任追究，建立重大决策及不良后果的终身责任追究制度。

（三）加快构建政府主导、市场推动、企业实施、公众参与的生态环境治理体系。从长远发展看，强化自然资源统一管理和生态环境保护的独立监管是实现善治的重要保障。当前，需要进一步发挥市场在资源配置中的作用，逐步形成社会治理体制机制，并与政府部门形成相互配合、相互监督的"协同治理"的格局，使政府的自然资源保护统一管理和生态环境保护的独立监管真正发挥效能。

一是进一步健全环境保护的市场体系，激发企业活力。建议在完善总量控制和排放许可证制度的基础上，综合考虑价格、财税、投融资、补偿、排放许可交易等经济手段，因时因地采取有效措施，降低生态环境保护成本，切实提高治理效果；进一步推进全国碳排放权交易市场的建设，优先出台各项管理制度和标准，形成统一的信息平台，结合电力体制改革，加强治理体系与能力建设，尽早实现应对气候变化的目标与承诺；把握绿色金融的正确方向，总结环保相关PPP项目和环境保险试点的经验教训，有序推进绿色和气候投融资的改革发展进程；采取有效措施，降低当前因内外部政策变化所造成的一些环保、新能源和电子废弃物处置企业的财务风险，促进环保产业的可持续发展。

二是完善社会组织与公众参与生态环境保护决策和监督的机制。进一步完善生态环境保护信息的公开制度，建立政府与社会各界的沟通协商机制，构建公众有序参与生态环境规划制定、行政许可、管理监督等各环节的制度和程序，进行充分协商，尤其是发挥居委会、街道办事处等基层组织与公众沟通的作用。完善环境保护的公益诉讼制度，完善社团登记和管理制度，培育和扶持各种基层环境保护社区组织和民间组织。

（四）全面加强自然资源和生态环境部门的能力建设。针对存在的能力不足问题，应在生态文明建设重要程度日益提高的情况下，全面加强自然资源和生态环境部门的能力建设，特别是加强对地方政府部门的指导及其能力提高，以完成日益繁重的管理任务。作为生态环境执法的主体，各级自然资源与生态环境部门必须自律，加强对执法人员的教育管理。增强各类非政府环保组织参与资源与生态环境管理的能力。

# 推进生态环境治理体系和治理能力现代化为打好污染防治攻坚战提供坚强保障

翟　青①

生态环境部高度重视生态环境体制改革工作，与中国机构编制管理研究会等单位连续三年举办以生态环境保护体制机制为主题的研讨会，围绕生态环境管理体制、监测执法体制、农村环保管理体制、区域流域机构改革等议题开展交流，主题鲜明，成果显著，为我国生态环境治理体系与治理能力现代化建设提供了重要的参考和借鉴。

## 一、推进生态环境治理体系和治理能力现代化是全面加强生态环境保护、打好污染防治攻坚战的重要支撑保障

推进生态环境治理体系和治理能力现代化，是推进国家治理体系和治

① 翟青：生态环境部副部长。

理能力现代化的重要内容，是深入贯彻习近平生态文明思想，加快解决生态环境问题、改善生态环境质量、实现建设美丽中国目标的根本要求，也是适应决胜全面建成小康社会，开启全面建设社会主义现代化国家新征程的基础保障，意义十分重大。

党的十八大以来，以习近平同志为核心的党中央始终把生态文明建设和生态环境保护放在治国理政的突出位置，谋划开展了一系列具有根本性、长远性、开创性工作，特别是对生态文明体制改革作出了一系列重大部署，推动我国生态环境保护从认识到实践发生了历史性、转折性、全局性变化，思想认识程度之深、污染治理力度之大、制度出台频度之密、执法督察尺度之严、环境改善速度之快前所未有，生态文明建设取得显著成效，美丽中国建设迈出坚实步伐。

党的十八届三中全会提出，改革生态环境保护管理体制，建立和完善严格监管所有污染物排放的环境保护管理制度，独立进行环境监管和行政执法。建立陆海统筹的生态系统保护修复和污染防治区域联动机制。党的十九大把污染防治作为决胜全面建成小康社会的三大攻坚战之一，提出要加快生态文明体制改革，改革生态环境监管体制，完善生态环境管理制度。2018 年 5 月 18 日至 19 日，全国生态环境保护大会在北京胜利召开，习近平总书记出席大会并发表重要讲话，为全面加强生态环境保护，坚决打好污染防治攻坚战作出全面系统部署。习近平总书记在大会上强调，要加快构建生态文明五大体系，包括构建以生态环境治理体系和治理能力现代化为保障的生态文明制度体系，强调要通过加快构建生态文明体系，确保到 2035 年，生态环境质量实现根本好转，美丽中国目标基本实现。到 21 世纪中叶，物质文明、政治文明、精神文明、社会文明、生态文明全面提升，绿色发展方式和生活方式全面形成，人与自然和谐共生，生态环境领域国家治理体系和治理能力现代化全面实现，建成美丽中国。2018 年 6 月 16 日，中共中央、国务院印发《关于全面加强生态环境保护　坚决打好污染防治攻坚战的意见》，对改善完善生态环境治理体系作出具体安排。

我们要深入贯彻落实党中央、国务院关于推进生态环境治理体系和治理能力现代化的决策部署，把生态环境保护体制改革工作放在更加突出的位置，加快构建生态环境治理体系，不断提升生态环境治理能力，为打好污染防治攻坚战提供重要支撑保障。

## 二、推进生态环境治理体系和治理能力现代化成效明显，任重道远

过去几年，我们不断推进生态环境领域改革，生态环境治理体系和治理能力现代化建设取得重要进展，“四梁八柱”性质的生态文明制度体系初步建立。中央全面深化改革领导小组审议通过40多项生态文明和生态环境保护改革方案，生态文明建设目标评价考核办法、党政领导干部生态环境损害责任追究、中央环境保护督察、生态保护红线、控制污染物排放许可制、生态环境监测网络建设、禁止洋垃圾入境、绿色金融体系等一批标志性、支柱性的改革举措陆续推出，开展省以下环保机构监测监察执法垂直管理制度、区域流域机构、生态环境损害赔偿制度等改革试点，为深化改革积累经验。环境法治保障进一步强化，环境保护法、大气污染防治法、水污染防治法、土壤污染防治法、环境影响评价法、环境保护税法、核安全法和建设项目环境保护管理条例等法律法规完成制修订。最高人民法院、最高人民检察院出台办理环境污染刑事案件的司法解释，北京、陕西、河北等10个省（市）组建环保警察队伍，生态环境司法保障得到切实加强。

特别是这次党和国家机构改革，组建生态环境部，整合分散的生态环境保护职能，进一步充实污染防治、生态保护、核与辐射安全三大职能领

域，加强统一监管，实现了“五个打通”：一是划入原国土部门的监督防止地下水污染职责，打通了“地上和地下”；二是划入水利部门的组织编制水功能区划、排污口设置管理、流域水环境保护，以及南水北调工程项目区环境保护等职责，打通了“岸上和水里”；三是划入原海洋局的海洋环境保护职责，打通了“陆地和海洋”；四是划入原农业部门的监督指导农业面源污染治理职责，打通了“城市和农村”；五是划入国家发展改革委的应对气候变化和减排职责，打通了“一氧化碳和二氧化碳”。同时，贯通了污染防治和生态保护。新组建的生态环境部，统一行使生态和城乡各类污染排放监管与行政执法职责，重点强化了统一生态环境政策规划标准制定、统一监测评估、统一监督执法和统一督察问责等四大职能，充分体现了习近平生态文明思想，尤其是体现了统筹山水林田湖草系统治理的整体系统观和用最严格制度保护生态环境的严密法治观，实现了所有者和监管者分开，相互独立、相互配合、相互监督的要求，将在一定程度上解决长期以来我国生态环境领域体制机制方面存在的部门职能交叉重复、叠床架屋、多头治理问题，以及监管者和所有者职责边界不清、既是“运动员”又是“裁判员”等问题。

同时，聚焦重点领域和关键环节，进一步深化放管服改革，不断加大简政放权和职能转变力度，大力清理规范行政审批事项，强化事中事后监管，优化政务服务，在推进生态环境治理体系和治理能力现代化的同时，充分释放发展活力，激发有效投资空间，创造公平营商环境，引导稳定市场预期，实现环境效益、经济效益、社会效益相统一，为经济高质量发展和生态环境高水平保护提供有力支撑。

经过不懈努力，我国生态环境治理模式进一步优化，新的生态环境治理体系正在形成。在工作理念上，对保护与发展关系的认识更加深刻，人与自然是生命共同体、“绿水青山就是金山银山”等理念正在牢固树立，抓生态环保就是抓发展、就是抓可持续发展逐步深入人心；在工作动力上，从以自上而下为主，向自上而下、自下而上相结合转变，发挥社会监督作用，努力构建政府为主导、企业为主体、社会组织和公众共同参与的生态环境治理体系；在工作目标上，从以抓污染物总量减排为主，向以改善生态环境质量为核心转变，努力提供更多优质生态产品，不断满足人民日益增长的优美生态环境需要；在工作任务上，坚决向污染宣战，在着力解决突出生态环境问题的同时，加强生态保护与修复，推动加快形成绿色生产和生活方式；在工作格局上，从生态环境部门单打独斗的“小生态环保”，向地方党委、政府及其有关部门落实“党政同责、一岗双责”的“大生态环保”转变；在工作对象上，从以监督企业为重点，向“督政”与“督企”并重转变；在工作手段上，从以环境影响评价制度为主，向环境影响评价、排污许可、“三线一单”等制度一起抓转变；在工作保障上，着力强化环境法治、科技支撑、资金投入、基础能力和国际合作等保障，并取得显著进展。

在看到成绩的同时，也应当看到，生态环境治理领域还存在不少短板，基础仍很薄弱，实现生态环境治理体系与治理能力现代化任重道远。本次研讨会围绕生态环境管理体制、生态环境保护综合执法管理体制、应对气候变化管理体制等方面开展讨论，十分必要。总体而言，这些领域的改革工作正在积极推进并取得重要进展，但仍然还有不少工作要做。

从生态环境管理体制来看，生态环境部按照“先立后破、不立不破”、“编随事走、人随编走”原则和“先转隶、再‘三定’”步骤要求，积极推动相关职责及机构和人员编制划转事宜。截至目前，生态环境部“三定”规定已经印发，机关和部分事业单位转隶任务已基本完成。但还存在一些问题，一是当前生态环境管理体制与生态环境事业发展需要、打好污染防治攻坚战的繁重任务相比，依然需要进一步完善，政府职能有待进一步转变。二是机构改革后，新组建部门在事权划分、职能配置和机构设置等方面仍有待进一步完善，中央与地方之间的分工仍然存在一些需要磨合和进一步明确的问题。三是生态环保“党政同责、一岗双责”的制度政策还不完善，在改善生态环境质量的同时倒逼高质量发展方面还存在不足。

从生态环境保护综合执法体制来看，根据中央改革要求，生态环境部正在牵头开展生态环境保护综合行政执法改革，推进整合环境保护和国土、农业、水利、海洋等部门相关污染防治和生态保护执法职责、队伍，统一实行生态环境保护执法。目前已形成《关于深化生态环境保护综合行政执法改革的指导意见》《生态环境保护综合行政执法事项指导目录》。江西等地方已开展生态环境保护综合执法体系的探索，并取得了不少成功经验。目前存在的问题主要包括，一是生态环境执法涉及部门多，职责分割严重，缺乏协调，分散执法观念根深蒂固，整合难度较大。二是生态环境监管执法保障能力普遍较弱。生态环境监管执法能力呈现“倒金字塔”特征，越到基层，力量不足的问题越突出，“小马拉大车”现象未得到根本改观，需要在生态环境保护综合执法改革中着重考虑。

从应对气候变化管理体制来看，已相应调整国家应对气候变化及节能减排工作领导小组组成人员。积极开展试点示范，先后三批开展低碳省市试点，推动了应对气候变化相关规划统计制度的建立与实施，一些城市制定了温室气体排放达峰时间表和路线图，探索运用信息技术加强排放统计与管控。以发电行业为突破口，启动了全国碳排放交易体系，积极构建全国碳排放权交易市场，积极探索气候投融资试点，推进低碳技术研发推广。存在的问题主要有，一是应对气候变化的法治体系还不健全，目前直接规范温室气体排放的部门规章或规范性文件法律位阶较低，在发挥制度效力方面受到限制。二是如何使应对气候变化和大气污染治理的各项措施协同增效，还有待进一步研究实践。三是地方应对气候变化能力有待提高，全国碳排放交易权市场还不完善，应对气候变化投融资体制、温室气体排放源管控措施等还存在缺位。

## 三、加快推进生态环境治理体系和治理能力现代化，坚决打好打胜污染防治攻坚战

下一步，生态环境部将坚持以习近平新时代中国特色社会主义思想和党的十九大精神为指导，认真贯彻习近平生态文明思想，全面落实全国生态环境保护大会各项决策部署，坚持以解决制约生态环境保护的体制机制问题为导向，以强化地方党委、政府及其有关部门生态环保责任和企业生态环保守法责任为主线，以提升生态环境质量改善效果为目标，统筹当前和长远，坚持标本兼治，建立健全生态环境保护领导和管理体制、激励约束并举的制度体系、政府企业公众共治体系，显著增强综合管理、执法督察、社会服务能力，大幅提升专业素质和保障支撑水平。具体举措包括：改革生态环境管理体制，推进生态环境保护综合执法队伍的整合组建，加强包括应对气候变化在内的生态环境监管能力建设，构建规范化、标准化、专业化的生态环境保护人才队伍。

在生态环境管理体制方面，继续做好生态环境部机构改革相关工作，推进跨地区环保机构试点，加快组建流域环境监管执法机构，按海域设置监管机构，全面完成省以下生态环境机构监测监察执法垂直管理制度改革，完善中央和省级生态环境保护督察体系，推动督察工作向纵深发展。

在生态环境保护综合执法管理体制方面，配合有关部门加快出台生态环境保护综合执法改革的指导意见，推进综合执法队伍特别是基层队伍的能力建设，提高执法人员素质。加强基层环境执法标准化建设，统一执法人员着装，提高执法机构硬件装备水平。推动移动执法系统建设与应用，实现国家、省、市、县四级现场执法检查数据联网。

在应对气候变化管理体制方面，充分发挥国家应对气候变化及节能减排工作领导小组的作用，加强应对气候变化工作的统筹协调。推动地方应

对气候变化工作队伍建设，开展应对气候变化能力建设和人员培训，不断提升应对气候变化工作水平。进一步加强应对气候变化工作的政策协同，将应对气候变化管理融入现有的生态环境统计、监测、督察、执法等政策体系，实现协同管理、协同控制，促进应对气候变化与改善生态环境质量的有机融合，增强控制常规污染物及温室气体排放的协同效益，助力转方式、调结构，提高增长质量、形成增长新动能。

# 全球环境领域政策的变化及有效环境治理的经验

戴文德（Devanand Ramiah）[①]
向家燕（译）

今天的会议主题是生态环境治理体系和治理能力，是我们连续第三次研讨这一问题。我想谈一谈过去三年里全球环境领域的政策有哪些重大发展。

气候变化仍然是我们面临的最大的环境挑战。《巴黎协定》（*The Paris Agreement*）于2015年12月在巴黎气候变化大会上通过，之后不到一年的时间，占全球温室气体排放总量55%的55个国家签署了该协定，2016年11月《巴黎协定》正式生效。《巴黎协定》在如此短的时间里得以生效，体现了世界各国面对气候变化并采取全球行动的坚定决心。联合国开发计划署和联合国系统在应对气候变化方面不懈努力，帮助和支持各国在《巴黎协定》确定的框架下取得具体成效。

① 戴文德：时任联合国开发计划署驻华代表处副国别主任。

海洋占地球表面积的3/4。它是维持生物多样性和提供生态系统服务的重要来源，保障了10多亿人的食物和生存所需。2016年和2017年是海洋治理的关键之年。在经过5年的协商后，2016年10月，南极罗斯海海洋保护区成立。这片约160万平方公里的广阔极地目前是世界上最大的保护区。2017年6月，联合国海洋可持续发展大会通过《我们的海洋、我们的未来：行动呼吁》（*Our Ocean, Our Future: Call For Action*）宣言，以落实可持续发展议程中的可持续发展目标14——保护和可持续利用海洋。这一行动呼吁是各国保护海洋的庄严承诺。下一步必须付诸行动，实现宣言中的各项崇高目标。

塑料特别是微塑料（Micro-Plastics），是需要采取紧急行动的领域之一。每年超过800万吨塑料流入海洋。按照这个速度，到2050年，海洋中塑料的总量将超过鱼的总量。阿姆斯特丹港正在建设一个新厂，它将彻底改变我们处理塑料废弃物的方式。运用尖端技术，工厂可以将不可回收的塑料转化，为柴油动力货船提供能源。最近，中国决定禁止进口外国废物，包括某些塑料、未经分拣的废纸和废纺织原料等高污染固体废物。中国这一禁令可能产生的积极效应是，中国将加大对再循环设施的投入和加强塑料制造的创新。

在2016年9月的二十国集团杭州峰会上，世界各国领导人意识到发展绿色金融（Green Finance）的重要性。很多国家已经调整了规章和政策框架，推动了政策转变，制定了投资绿色金融的相应规则，为绿色金融发展创造条件。比如，中国为绿色金融体系制定了综合政策；意大利成立了部际可持续金融观察委员会，以便在金融方面采取特别行动；可持续金融已经成为七国集团工作中不可或缺的组成部分，由此产生了新的金融中心网络，服务可持续发展。

在过去三年里，环境可持续性得到前所未有的关注。这些发展和变化，将推动2030年可持续发展议程的逐步实现。

尽管如此，全球环境治理仍然是“碎片化”的，当环境目标与自由贸易、工业发展等发生冲突时，环境保护往往让位于经济发展。美国退出《巴黎协定》无疑是全球应对气候变化进程中的倒退。全球仍未就应对生物多样性问题达成一致，主要停留在个别国家、保护组织、机构和国际公约的专家倡议。这就是为什么尽管我们一直在大力打击非法狩猎，但世界上 2/3 的野生动物仍然不可避免将在 2020 年消失。

全球环境责任的实现离不开各个国家在国家层面和国内各层级环境责任的履行。中国已经在加速推进国内环境保护责任的履行，特别是在“十三五”规划中作了明确规定。2018 年 3 月，中国推动了近 10 年来最重大的环境治理改革，组建生态环保部统一制定生态环境领域的政策、规划和标准，这一改革将推动中国环境未来的发展，也将推动中国为应对全球环境挑战作出贡献。

有效的环境治理需要政府、非政府组织、私营部门、社会、社区团体、公民等多主体的共同参与和协作。联合国系统一直致力于环境治理。联合国开发计划署以及联合国系统主要做了四个方面的努力。

协同性和整体性。相比过去，我们更加关注各方在应对环境问题时的协同性和整体性。各个国家不仅要着眼于解决本国的环境问题，也要为应对全球性的环境问题贡献力量。因此，联合国开发计划署在与各个国家合作设计和实施能源项目和环境项目时，都十分重视通过多边环境协议和可持续发展目标来统筹各方力量。

加强法律和机构建设。依法治理环境是环境治理的支柱，是实现 2030 年可持续发展目标的基础之一。要加强国家治理能力建设，完善立法、强化执法、加强机构建设，更好地实现环境目标。

让绿色发展成为主流趋势。我们需要帮助各个国家进一步将环境可持续目标融入国家和区域的发展政策。1979 年以来，联合国开发计划署已经在中国实施了一系列的发展项目。我们还在继续努力，支持中国

“十三五”规划的实现，包括2020年告别贫困、应对环境退化、气候变化等问题。同时，我们也在帮助中国将环境保护和扶贫目标融入国家政策和地方政策中。比如，我们和宁夏回族自治区政府合作，探索在更好控制沙化的同时，改善干旱地区和受沙漠化影响地区人民的生活。

知识分享和合作。联合国机构长期致力于鼓励国家、公民、私营部门等主体共同参与创造信息，通过各种开放平台分享知识和最佳实践。现在，越来越多的中国经验通过南南合作和三边项目分享到其他国家。比如，加纳和赞比亚的太阳能和微型水电项目、九国（牙买加、厄瓜多尔、几内亚、津巴布韦、坦桑尼亚、塞舌尔、斯里兰卡、孟加拉国、蒙古国）现代清洁技术转让。联合国开发计划署将继续为各国提供知识、经验和资源，支持各国共同应对环境问题和气候变化调整。

# 环境可持续性的全球治理：公共管理作为关键载体

索费恩·萨哈拉维（Sofiane Sahraoui）[①]

莫　尧（译）

环境治理对于促进政府机关、私营部门以及个人在保护自然资源和环境的范围内采取行动，以及避免土地、水、空气和生态系统不必要的污染起到至关重要的作用。然而，目前将工业增长、资源利用和增加消费置于环境保护之上的发展方式与环境治理的理念背道而驰。大量法律、政策作用有限，就是因为规则缺乏一致性，机构之间协作性不高，直到近些年，可持续发展和气候变化问题才被置于优先考虑的位置。由于缺乏政治性承诺、专业人才和机构方面的保障，规章制度难以规范执行，森林、丘陵、湿地、河流和生物多样性等环境资源的保护以及城市环境依然是我们面临的最大挑战。

总的来看，联合国千年发展目标更侧重于社会和人类福利有关的目

① 索费恩·萨哈拉维：国际行政科学学会（IIAS）总干事。

标，对可持续性问题和环境问题关注相对较少。因此，千年发展目标中关于环境可持续性的规定都是框架性的，并没有制定有关环境保护和改善环境的具体项目。资金投入时，政府通常未能将有关环境方面的考虑纳入方案设计层面。

环境可持续性已成为全球共同追求的目标，这迫切要求统筹和改善政府机构内部，政府机构、私营部门和民间社会团体之间，甚至跨国的内部治理。

私营部门在进行经济活动时对环境造成损害受到越来越多的监督，民间社会团体及非政府组织动员公众舆论向政府和政治过程施加压力，以确保有关环境的法律和政策得到有效的执行和监督。

环境治理的现状表明，可持续发展目标的实现，需要将以下几个关键的环境治理和国家对可持续发展议程的准备工作放到优先地位：将人的发展与社会发展结合起来；加强机构治理能力；增强抵御自然冲击的能力；缓解气候变化带来的影响；提高资源利用的效力和效率。

国家可持续发展目标的实现取决于治理的质量。治理的主要挑战是寻找适合各个国家的不同治理模式，以适应实施和监督过程中各种复杂的体制和激励要求。

公共行政是实施可持续发展目标的关键。良好的制度环境是环境可持续发展的先决条件，改变管理以实施全国性、地方性、跨国政策是一项更大的挑战，因为涉及不同层级（国家及地方）和不同发展议程（国内和国外），仅靠外交力量签订国际协议是不够的。迄今为止已被证明，协议会受到政治家想法和做法的影响。

公共管理作为国家治理的体现和载体，比以往任何时候都更加重要。相比联合国千年发展目标，公共管理在可持续发展目标中更受重视。第一，拥有一个适合的公共管理体系，现在被视为是一个独立的发展目标。第二，公共治理体系可以为实现可持续发展目标提供有效的政策工具。第三，其他的可持续发展目标被纳入公共治理；这些目标的实现将很大程度依赖于公共治理。可持续发展目标的规划可能依赖不同程度的努力和责任，但公共管理依然是基础的要素。

如果中国的“一带一路”倡议不仅对自身而且对其他合作伙伴都证明是可持续的，那么中国将会取得成功。一开始就应该通过“一带一路”倡议为中国和合作伙伴发展环境治理体系。“一带一路”倡议已将中国的命运及其合作伙伴绑在了一起。不能实现全球环境的可持续化将会威胁到“一带一路”倡议本身的持续性。“一带一路”倡议需要中国公共管理的积极参与，以建立中国治理机制和合作伙伴之间的无缝融合。但因为有着语言障碍的问题，这并不是一件容易的事情。

国际行政科学学会作为制定和推广公共管理政策的国际组织，愿意为“一带一路”倡议作出贡献，促进跨国界治理机制的发展。国际行政科学学会担负这个使命，也具备相应的工作网络和工具。国际行政科学学会研究小组可参与比较研究，在其解决方案小组中分享国家经验，通过联合国经济及社会理事会全面咨询地位为全球讨论作出贡献，最重要的是，制定明确的可持续经济发展的跨国议程，以便合作伙伴可以调整。2018年6月，国际行政科学学会突尼斯年会期间，在大会前一天特地安排会见及展示了各国的发展议程，中国和非洲公共管理有关部门的高级官员进行了会晤，促进了相互了解、调整期望和开展合作。双方还在原则上商定了一项新的南南对话，该项目的启动预计将为全球可持续发展，包括环境方面的谈判提供新的平台。

# 第二部分

# 生态环境管理体制

# 创新与重构：流域环境监管体制变革与展望

黄　路[①]

流域是文明的摇篮，良好的流域环境，对中华民族的永续发展有着深远的影响。完善流域环境监管体制是生态文明体制改革的重要内容，党的十九大报告明确提出，加强对生态文明建设的总体设计和组织领导。党的十九届三中全会通过的《中共中央关于深化党和国家机构改革的决定》进一步提出，改革自然资源和生态环境管理体制。实行最严格的生态环境保护制度，构建政府为主导、企业为主体，社会组织和公众共同参与的环境治理体系，为生态文明建设提供制度保障。设立国有自然资源资产管理和自然生态监管机构，完善生态环境管理制度，统一行使全民所有自然资源资产所有者职责，统一行使所有国土空间用途管制和生态保护修复职责，统一行使监管城乡各类污染排放和行政执法职责。强化国土空间规划对各专项规划的指导约束作用，推进“多规合一”，实现土

① 黄路：中央编办二局局长。

地利用规划、城乡建设规划等有机融合。《深化党和国家机构改革方案》中明确，组建生态环境部、自然资源部、国家林业和草原局，并调整相关部门职责，同时提出整合组建生态环境保护执法队伍，统一实行生态环境保护执法。

这次改革自然资源和生态环境管理体制，涉及国土、环保、发改、住建、水利、林业等十余个部门机构和职责的调整，是一项全新的重构性改革，可以进一步加强对生态文明建设的总体设计和组织领导，可以更好地将生态文明体制改革“四梁八柱”总体框架落地生根，可以加快推动生态文明一系列制度创新，推动形成绿色发展、低碳发展、循环发展的内生机制。同时，通过深化机构改革，以点上突破带动面上改革，调整完善管理体制机制，强化用途管制，实行最严格的生态环境保护制度，推动形成政府为主导、企业为主体、社会组织和公众共同参与的环境治理体系，为完善流域环境监管体制，提升流域环境综合治理能力提供重要支撑和组织保障。

## 一、流域环境监管体制存在的主要问题

流域是一个由山水林田湖草等构成的生命共同体，在治理过程中应将流域作为管理单元，统筹上下游、左右岸、干支流、陆地水域，进行系统保护、宏观管控、综合治理，增强流域环境监管的独立性、统一性、有效性。但长期以来，我国实行的部门分工负责、地方政府分级管理的流域环境监管体制，统得不够、分得无序，难以适应流域环境保护形势任务的需要，突出表现在：

一是流域管理职能弱化，统筹协调不力。流域水环境保护被不同行政区域分割，地方出于自身发展利益的考虑，往往各自为政，过分强

调行政区域管理，而忽视在流域层面的统筹协调，影响环境保护整体成效。

二是部门职责分散交叉，分工不明确，导致政出多门，缺乏有效的协调沟通，不适应山水林田湖草生命共同体的自然属性管理需要。如流域水资源保护规划、水功能区划有关内容与水污染防治规划、水环境功能区划存在重复。

三是集开发与保护监管职能于一身，角色定位冲突。受传统资源管理思维的影响，相关部门既是资源开发利用部门，又是保护监管部门，既当"运动员"又当"裁判员"，存在内在利益冲突，导致重开发、轻保护，不少河流成为"断流河""排污沟"，流域生态环境遭到破坏，制约水资源的可持续利用。

## 二、将流域自然资源资产所有者职责统一交由自然资源部承担，有利于统筹流域水资源的开发与保护

这次机构改革，整合分散在原国土资源部、原农业部、原林业局、原海洋局以及水利部等部门的全民所有自然资源资产所有者职责，由自然资源部负责对全民所有的矿藏、水流、森林、山岭、草原、荒地、海域、湿地、滩涂等各类自然资源资产进行统一调查统计、统一确权登记，统一标准规范，统一信息平台，推动自然资源产权制度改革，建立和实施自然资源有偿使用制度，依法征收资源资产收益，管理由中央直接行使所有权的自然资源资产等。

这些部署和举措，有利于推动水资源资产产权制度的建立健全，明确资产所有者和所有权边界，改变传统上将水资源开发利用放在首位，资源收费很低甚至免费，修复和保护的成本往往容易被忽略的局面。在横向

上，还原山水林田湖草等自然资源之间的有机联系，有利于形成完整协调的流域水环境保护体系；在纵向上，强化中央事权，减少由基层政府直接配置的资源，避免各种权利主体在水资源开发利用和保护过程中的开发过度、保护不足等问题，加强总体统筹和规划，兼顾上下游、左右岸、全区域的利益。

## 三、将流域国土空间用途管制和生态保护修复职责统一交由自然资源部、国家林业和草原局承担，有利于从源头上加强全流域的整体保护修复

这次机构改革，着力推进“多规合一”，将国家发展改革委的主体功能区规划、住房和城乡建设部的城乡规划、原国土资源部的土地利用规划以及原海洋局的海洋主体功能区规划等空间规划编制管理职责进行整合，划给自然资源部，由其负责建立统一的空间规划体系。将草原监督管理职责从原农业部划出来，与原林业局的森林、湿地等监督管理职责进行整合，组建国家林业和草原局，由其组织重要生态系统的保护和修复，加强森林、草原、湿地监督管理的统筹协调，同时明确国家林业和草原局由自然资源部管理。

这些部署和举措，有利于实现流域、区域等相关空间规划的有机融合，以及与饮用水水源地环境保护规划、水功能区划等的有效衔接，强化空间规划的指标约束，保障空间规划的落地实施，为“一张蓝图干到底”奠定基础。统筹优化结构布局，宜水则水，宜林则林，宜牧则牧，发挥森林、湿地、草原等在涵养水源、保持水土方面的重要生态功能，促进流域环境质量改善。形成统一所有国土空间用途管制和生态保护修复的工作格局，避免各自为战、空间交叉重叠、界限不清、管理力量分散等问题，加

强相互配合衔接，共享信息资源，从源头上推动实现全流域的整体保护、系统修复和综合治理。

## 四、将流域和城乡各类污染排放监管和行政执法职责交由生态环境部承担，有利于实现流域污染防治的集中统一监管

这次机构改革，将原环境保护部的职责、国家发展改革委的应对气候变化和减排职责、原国土资源部的监督防止地下水污染职责、水利部的编制水功能区划和流域水环境保护等职责、原农业部的监督指导农业面源污染治理职责、原海洋局的海洋环境保护职责、原南水北调工程建设委员会办公室的有关环境保护职责进行整合，组建生态环境部，由其拟定并组织实施生态环境政策、规划和标准，统一负责生态环境监测和执法工作，监督管理污染防治，组织开展中央环境保护督察等。并将水利部流域水环境保护机构调整由生态环境部、水利部双重领导，以生态环境部为主，负责流域生态环境监管和行政执法相关工作。同时，为解决生态环境监测和执法力量分散问题，减少对企业的重复检查和重复收费，整合环境保护和国土、农业、水利、海洋等部门相关污染防治和生态保护执法职责、队伍，统一实行生态环境保护执法，由生态环境部指导。

这些部署和举措，有利于加强跨区域、跨流域环境保护的统筹职责，推动环境保护的城乡统筹、陆海统筹、区域流域统筹、地上地下统筹，实现污染治理的要素综合、职能综合、手段综合，解决了长期以来有关部门在水污染防治、陆海环境保护、环境监测执法等方面职责交叉、协同不够，力量相对分散、能力不强等问题，充分调动各方力量参与生态环境保

护和治理，明确和落实政府、企业的环境治理责任，提升环境污染治理的整体效能，形成生态环境保护新的管理体系。

总的看，这次机构改革和“三定”规定工作，改革自然资源和生态环境管理体制，组建生态环境部、自然资源部、国家林业和草原局，明确“三个统一”的改革要求、路径和目标，强基固本，搭好平台，为完善流域环境监管体制等后续改革奠定了坚实基础。

# 我国生态环境管理体制改革工作进展情况

张玉军 ①

党中央、国务院高度重视生态环境管理体制改革工作，部署组建生态环境部，实施生态环境保护综合执法改革，实行省以下环保机构监测监察执法垂直管理制度，开展跨地区环保机构、按流域设置环境监管和行政执法机构等改革，不断提升生态环境领域治理体系和治理能力现代化水平。

## 一、生态环境部机构改革

机构改革涉及多个部门职责、机构与人员整合，沟通协调难度大，任务繁重。生态环境部高度重视，将其作为重大政治任务来抓，成立工作专

① 张玉军：生态环境部行政体制与人事司副司长。

班，超前谋划、深入研究，加强与有关部门沟通协调，按照时间节点协调推进改革工作。2018年4月16日完成生态环境部挂牌，4月20日基本完成机关人员以及国家应对气候变化战略研究和国际合作中心等部分事业单位的转隶工作。8月1日，中共中央办公厅、国务院办公厅印发《生态环境部职能配置、内设机构和人员编制规定》(以下简称“三定”规定)。目前，已制定“三定”规定细化方案，正在按程序报中央编办备案。

生态环境部在机构编制和职责上均进行了较大调整和优化。一是在职能配置方面，整合发展改革委、国土资源部、农业部、水利部、海洋局、南水北调工程建设委员会6个部门生态环境保护相关职责，统一行使生态和城乡各类污染物排放监管与行政执法职责，强化了生态环境政策规划标准制定、监测评估、监督执法、督察问责等“四个统一”，在污染防治上解决“九龙治水”问题，在生态保护修复上强化统一监管，打通了“地上和地下”“岸上和水里”“陆地和海洋”“城市和农村”“一氧化碳和二氧化碳”，贯通了生态保护与污染防治。此外，充分发挥各部门行业管理作用，构建大生态环保格局，使管发展的管环保、管生产的管环保、管行业的管环保，切实落实“一岗双责”。二是为适应污染防治攻坚战需要，在机构编制方面，增设了海洋生态环境司、应对气候变化司、固体废物与化学品司等机构，优化组建了综合司、法规与标准司、科技与财务司、环境影响评价与排放管理司等，行政编制有较大幅度增加。

下一步，生态环境部将以落实“三定”规定为重点，继续抓好部门机构改革工作。一是加快完成“三定”规定细化方案备案，将党中央赋予生态环境部的各项职责落实到司到处到岗，做到优化配置、加强协同、形成合力、提高效率。二是继续协调有关部门完成事业单位转隶工作，加强有关转隶职能的技术支撑力量，完善生态环保技术支撑体系。

## 二、生态环境保护综合执法改革

针对当前执法存在的“两多”（多头、多层）和“五不一乱”（执法不规范、不严格、不透明、不文明以及不作为、乱作为）等突出问题，《深化党和国家机构改革方案》提出整合组建五支执法队伍的要求，其中包括“整合组建生态环境保护综合执法队伍。整合环境保护和国土、农业、水利、海洋等部门相关污染防治和生态保护执法职责、队伍，统一实行生态环境保护执法”。

在五支综合执法队伍中，生态环保涉及跨部门整合事项较多，难度较大。自2018年3月启动该项改革工作以来，在广泛听取法学专家、地方政府和部门意见基础上，形成《关于深化生态环境保护综合行政执法改革的指导意见》（以下简称《执法意见》）《生态环境保护综合行政执法事项指导目录》。目前，正在与有关部门就整合职责事项等重点问题进行沟通协调，基本达成一致。

下一步，将继续配合有关方面尽快印发《执法意见》，指导督促各地按照《执法意见》确定的原则、方法、路径，组建综合执法队伍。

## 三、环保机构监测监察执法垂直管理制度改革

习近平总书记在党的十八届五中全会上指出，要实行省以下环保机构监测监察执法垂直管理制度改革，着力解决现行以块为主的地方环保管理体制存在的难以落实对地方政府及其相关部门的监督责任，难以解决地方保护主义对环境监测监察执法的干预，难以适应统筹解决跨区域跨流域环境问题的新要求，难以规范和加强地方环保机构队伍建设四个突出问题。

2016年9月14日，中共中央办公厅、国务院办公厅印发《关于省以下环保机构监测监察执法垂直管理制度改革试点工作的指导意见》，部署启动省以下环保机构监测监察执法垂直管理制度改革试点工作。目前，已有河北、重庆、江苏、山东、湖北、青海、上海、福建、江西、天津、陕西11个省（市）完成环保机构监测监察执法垂直管理制度改革试点实施方案备案工作。上述11个省（市）的环保机构监测监察执法垂直管理制度改革试点实施方案，比较有效地克服了以上提到的四个突出问题。

试点省份坚持问题导向，聚焦改革目标，积极推动试点工作。在环保机构改革方面，将市级环保局领导班子成员任免由以地方为主调整为以省级环保厅（局）为主，同步将县级环保局调整为市级环保局的派出分局，由市级环保局直接管理。在环境监测体制改革方面，将现有市级环境监测机构调整为省级环保厅（局）驻市环境监测机构，由省级环保厅（局）直接管理，人员部分或全部上收。在环境监察体制改革方面，上收市县两级环保部门的环境监察职能，构建对地方党委和政府生态环境保护工作进行监督的“督政”体系，向市或跨市县区域派驻环境监察机构，探索建立区域环境监察专员制度。在环境执法体制改革方面，大力推进环境执法力量下沉，规范设置环境执法机构，加强基层执法队伍建设。

下一步，将环保机构监测监察执法垂直管理制度改革与机构改革、综合执法改革统筹推进，以各级的环境机构改革作为主体，统筹结合综合执法改革以及垂直管理体制改革，构建新型的生态环境管理工作体制。

## 四、区域流域海域生态环境管理体制改革

为着力解决不同地区和部门职能分散、缺乏合力等问题，切实提高跨地区跨流域环境保护的统筹协调和监督管理能力，第十八届中央全面深化

改革领导小组第32次会议和第35次会议分别审议通过《按流域设置环境监管和行政执法机构试点方案》和《跨地区环保机构试点方案》，要求探索按流域设置环境监管和行政执法机构、设置跨地区环保机构，实现生态环境保护统一规划、统一标准、统一环评、统一监测、统一执法。生态环境部组织编制了赤水河跨省流域机构试点实施方案，指导福建、江西、山东等省级环保部门编制九龙江、赣江、南四湖、东平湖等省内流域机构试点实施方案，有序推进流域机构试点工作。

国务院办公厅于2018年7月印发《关于成立京津冀及周边地区大气污染防治领导小组的通知》，将京津冀及周边地区大气污染防治协作小组调整为京津冀及周边地区大气污染防治领导小组。新印发的生态环境部“三定”规定明确在大气环境司挂牌设立京津冀及周边地区大气环境管理局，在长江、黄河、淮河、海河、珠江、松辽、太湖流域设立生态环境监督管理局，作为生态环境部设在七大流域的派出机构，区域机构改革、按流域设置环境监管和行政执法机构改革取得实质性进展。此外，中共中央、国务院《关于全面加强生态环境保护　坚决打好污染防治攻坚战的意见》还提出健全海域生态环境管理体制，按海域设置监管机构。通过这些改革，不仅强化了原有区域派出机构设置，还按流域、海域设监管机构，生态环境监管机构第一次有了完整的框架。

下一步，将加快推进区域流域海域生态环境监管机构组建工作，细化内部机构设置，推动完善区域流域海域生态环境管理体制。

# 我国自然资源统一确权登记

高　永①

## 一、自然资源统一确权登记的目的和意义

党的十八届三中全会通过的《中共中央关于全面深化改革若干重大问题的决定》明确，对水流、森林、山岭、草原、荒地、滩涂等自然生态空间进行统一确权登记，形成归属清晰、权责明确、监管有效的自然资源资产产权制度。中共中央、国务院印发的《生态文明体制改革总体方案》要求建立统一的确权登记体系，推进确权登记法治化。

自然资源统一确权登记是以不动产登记为基础，构建自然资源统一确权登记制度体系，对水流、森林、山岭、草原、荒地、滩涂以及探明储量的矿产资源等所有自然资源的所有权统一进行确权登记，逐步划清全民所

① 高永：自然资源部地籍管理司副司长。

有和集体所有之间的边界，划清全民所有、不同层级政府行使所有权的边界，划清不同集体所有者的边界，划清不同类型自然资源的边界，进一步明确国家不同类型自然资源的权利和保护范围等，推进确权登记法治化。

在不动产登记基础上开展自然资源统一确权登记，目的是为了划清“四个边界”，支撑建立归属清晰、权责明确和监管有效的自然资源资产产权制度，服务于自然资源的保护和监管，不会限制地方发展空间；自然资源确权登记不会损害既有权利人的合法权益，如果涉及调整或限制已登记的不动产权利的，必须符合法律法规规定；对于已经纳入《不动产登记暂行条例》的不动产权利，按照不动产登记的有关规定办理，不再重复登记。

自然资源统一确权登记是深化生态文明制度改革、建设美丽中国、落实新发展理念的一项重要举措。习近平总书记强调，健全国家自然资源资产管理体制是健全自然资源资产产权制度的一项重大改革，也是建立系统完备的生态文明制度体系的内在要求，并指出“绿水青山就是金山银山”，提出了“山水田林湖草是一个生命共同体”的重要思想。李克强总理指出，我国自然资源禀赋不足，要牢固树立绿色发展理念，把经济建设和生态文明建设有机融合起来，推动形成绿色发展方式和生活方式。

## 二、自然资源部的职责

《深化党和国家机构改革方案》明确组建自然资源部。自然资源部统一行使全民所有自然资源资产所有者职责，统一行使所有国土空间用途管制和生态保护修复职责，着力解决自然资源所有者不到位、空间规划重叠等问题，将国土资源部的职责，国家发展和改革委员会的组织编制主体功能区规划职责，住房和城乡建设部的城乡规划管理职责，水利部的水资源调查和确权登记管理职责，农业部的草原资源调查和确权登记管理职责，国家林业局的森林、湿地等资源调查和确权登记管理职责，国家海洋局的职责，国家测绘地理信息局的职责整合，组建自然资源部，作为国务院组成部门。自然资源部对外保留国家海洋局牌子。

自然资源部的主要职责是对自然资源开发利用和保护进行监管，建立空间规划体系并监督实施，履行全民所有各类自然资源资产所有者职责，统一调查和确权登记，建立自然资源有偿使用制度，负责测绘和地质勘查行业管理等。

## 三、《自然资源统一确权登记办法（试行）》的具体内容

2016年11月，中央全面深化改革领导小组第29次会议审议通过《自然资源统一确权登记办法（试行）》（以下简称《办法》）和试点方案。《办法》包括总则，自然资源登记簿，自然资源登记一般程序，国家公园、自然保护区、湿地、水流等自然资源登记，登记信息管理与应用、附则共六章。主要明确了如下几个问题。

一是明确规定了对水流、森林、山岭、草原、荒地、滩涂以及探明储量的矿产资源等自然资源的所有权进行确权登记，并强调在不动产登记中已经登记的集体土地及自然资源的所有权不再重复登记。

二是明确了自然资源登记单元的设定和划分规则。在设定和划分时，既可以以一个完整的行政辖区为基础，按照不同自然资源种类和在生态、经济、国防等方面的重要程度以及相对完整的生态功能、集中连片等原则，划分一个或者多个登记单元，也可以以国家公园、自然保护区、湿地、水流等特定空间作为单独的登记单元。

三是规定了自然资源登记一般程序。明确了首次登记程序为通告、调查、审核、公告、登簿。特别对自然资源的分类和调查规则进行了明确，

规定以土地利用现状分类为基础，同时，考虑各部门的自然资源管理的特点、分类体系和需求，在不冲突、可衔接的情况下，可以同时在登记簿上记载其他自然资源分类的内容。对于登记单元内各类自然资源的调查工作，可以由所在地的县级以上人民政府统一组织，具体由自然资源主管部门（不动产登记机构）会同相关资源管理部门实施。

四是规定了自然资源登记信息的管理与应用。《办法》规定了自然资源登记信息依法向社会公开并纳入不动产登记信息管理平台，实现与相关管理部门互通共享。为实现加强国家所有自然资源的保护与监管的立法目的，《办法》要求除涉及国家秘密及不动产登记信息外，自然资源确权登记结果向社会公开，相关登记信息纳入不动产登记信息管理基础平台，并与农业、水利、林业、环保、财税等相关部门管理信息互通共享。

## 四、自然资源统一确权登记的试点工作情况

自然资源的统一确权登记是一项全新的改革任务，涉及面广、影响大，也十分复杂和艰巨。为既积极又稳妥的推进，中央全面深化改革领导小组第 29 次会议还审议通过了试点方案，决定在吉林等 12 个省份开展为期一年的试点，以试点试行的方式在部分地方先行先试，成熟完善以后再逐步推开。在试点区域的选择上，坚持与正在开展的国家生态文明实验区、国家公园试点、水流和湿地试点等相衔接，考虑区域的代表性、典型性、可操作性以及将来推广的可复制性，共选择了 12 个省开展 7 方面的试点。

各试点区域可以对水流、森林、草原、荒地、滩涂以及探明储量的矿产资源进行全要素的统一登记确权试点，同时各有侧重：一是在青海三江源重点探索以国家公园作为独立的登记单元的统一确权登记；二是在甘肃

和宁夏重点探索以湿地作为独立的登记单元统一进行确权登记；三是在宁夏、甘肃疏勒河流域，以及陕西的渭河、江苏的徐州、湖北的宜都，重点探索以水流为独立单元的统一确权登记；四是在福建、贵州、江西等国家生态文明试验区，重点探索国家所有权和代表行使国家所有权登记的途径和方式；五是在黑龙江的大兴安岭地区以及吉林的延边等地作为国家的重点林区，重点探索国务院确定的重点国有林区的自然资源统一确权和登记；六是在福建厦门、黑龙江齐齐哈尔，重点探索在不动产登记制度下自然资源统一确权登记的关联路径和方法；七是在湖南芷江、浏阳以及澧县等市重点探索个别重要的单项自然资源的统一确权登记。通过这些方面的试点，探索解决自然资源统一确权登记当中的难点，研究遇到的相关问题。

2018 年 2 月，试点省份完成了试点主体工作任务。自然资源部委托武汉市土地利用和城市空间规划研究中心开展了第三方评估，联合有关部门对试点工作进行评估验收。总体来看，试点省份按要求完成了资源权属调查、登记单元划定、确权登记、数据库建设等主体工作，12 个省份、32 个试点区域共划定自然资源登记单元 1191 个，确权登记总面积 186727 平方公里，并重点探索了国家公园、湿地、水流、探明储量矿产资源等方面的试点内容。

# 中国生态环境保护管理体制改革思路与举措

马　中①

当前，我国生态环境形势依然严峻，旧的生态环境问题尚未得到解决，新的生态环境问题又不断出现，呈现出明显的结构型、压缩型、复合型特征，环境质量与群众期待还有不小差距。这迫切要求深化生态环境保护管理体制改革，为解决生态环境领域的深层次矛盾和问题提供体制保障。

## 一、生态环境保护管理体制改革的必要性

1989 年颁布的《中华人民共和国环境保护法》，以法律的形式确定了中国的环境保护管理体制。其主要特征是二级多元管理。在国家一级，国

① 马中：中国人民大学环境学院教授。

务院环境保护行政主管部门对全国环境保护工作实施统一监督管理，同时，国家海洋行政主管部门、港务监督、渔政渔港监督、军队环境保护部门和各级公安、交通、铁道、民航管理部门也对环境污染防治实施监督管理；在地方一级，县级以上地方人民政府环境保护行政主管部门对本辖区的环境保护工作实施统一监督管理，但同时县级以上人民政府的土地、矿产、林业、农业、水利行政主管部门也对资源的保护实施监督管理。

2014 年修订的《中华人民共和国环境保护法》基本维持了我国环境保护管理体制，再次肯定了国家和地方两级政府的环境保护主管部门对环境保护工作的统一监管，同时也再次明确地方政府（除环境保护主管部门外）有关部门也对环境保护工作实施监督管理。

正是由于这一“二级多元”的管理体制，长期以来，我国环境保护管理的职能、机构、能力不系统不健全，存在缺、分、弱、乱的状况，实际上，并没有真正实现环境保护法提出的“环境保护工作实施统一监督管理”的要求。

一是中国的地质环境保护基本处于没有监督管理的状态。国土资源部门具有“监督，监测防止地下水的过量开采与污染，保护地质环境”的职能。监督防止地下水污染的职责也是独立于统一监管之外的。地质环境是不同于水、气和土壤环境并且同生物圈基本隔绝的第四类环境介质。在中国，利用地质环境处置工业污水、固体废物和放射性废物已经有多年的历史。虽然 2003 年制定了《中华人民共和国放射性污染防治法》，但只是针对放射性污染物的地质环境处置，对其他污染物的地质环境处置并没有约束力。地质环境保护的监督管理在法律和管理体制上基本还是一个空白，这对地下水保护造成了严重威胁。

二是海洋环境保护被法律和部门分割。海洋环境和陆地环境在生态系统和环境影响上存在紧密联系，但由于海洋环境保护法的制定晚于环境保护法，两部法律被有关主管部门认为是平行法而非上下位法。在环境保护法中，海洋主管部门是和港务、渔政同级的负责监督管理的行业部门。而且海洋环境保护法把监督管理的职能同时授予环保部门和海洋部门，使得“统一监督管理”形同虚设，因此，在事实上形成了两套并行的海洋环境保护管理体制。

三是气候变化没有纳入环境保护统一监管的范围。气候变化是重要的环境保护问题，与当地环境保护紧密相关。气候变化直接影响中国的环境和生态状况，控制气候变化也与当地的污染排放有协同效应。特别是在中国，当地的减少污染排放具有更大的全球边际效应。但是气候变化尚没有成为环境保护行政主管部门的主要职能。

四是自然保护区的环境保护没有得到有效监管。占中国国土面积15%以上的中国各类自然保护区，面积已经超过150万平方公里，是中国生态环境安全的底线和保障。但是随着工业化和城市化的扩张，以及农业、农村面源污染的加剧，自然保护区的环境质量受到严重影响。但是对于保护区的环境质量，环保部门甚至没有掌握基本的信息，更遑论监管。虽然自然保护区的管理是由多个部门和地方政府负责，但是对于保护区环境保护的监管应成为环境保护行政主管部门的职责。

五是编制水功能区划、排污口设置管理、流域水环境保护职责也独立于统一监管之外，长期以来一直是由水利部门行使。

六是监督指导农业面源污染治理职责的一直是由农业部门负责，以致形成了我国污染治理的城乡二元结构。

造成上述职能配置混乱的主要原因是公共管理思想和认识的落后，没有认识到生态环境保护是关系国家长期发展安全的公共利益，环保部门是代表国家行使统一监管生态环境保护的职责。其他政府部门，特别是负责自然资源开发管理的国土、水利、林业、农业、建设、海洋行政主管部门，是代表国家分别行使管理各类自然资源的责任。把环境保护的监督管理职责交给资源开发管理部门负责，必然会造成部门利益和国家利益的冲突，导致监管生态环境保护的职能错配，国家的生态环境利益受到损害。

同时，环境保护立法体系的定位失当也是主要原因。首先，相关法律位阶不清。通常认为，环境保护法为上位法，但下位法的构成出现了混乱。海洋环境保护法制定于环境保护法之后，海洋部门认为两法是同位法而非上下位法，两部法又都规定了海洋部门具有监督管理的责任，因此造成了陆地环境和海洋环境分而治之的法律依据。其次，立法目标定位混乱。海洋环境保护法是根据保护环境要素立法，水污染防治法和大气污染防治法是根据控制污染某种环境要素的行为立法，固体废物法和放射性污染防治法又是根据控制特定的污染物立法。以防治污染立法的做法不能从根本上保护环境，也会给管理体制造成混乱，导致环保部门和其他部门的职能定位交叉、错位和重叠。因此，改变目前依据污染防治立法的做法，根据保护环境要素立法，包括水环境保护法、大气环境保护法、土壤环境保护法、地质环境保护法、海洋环境保护法、自然保护区法等，法律应明确规定生态环境行政主管部门统一监管生态环境保护的职能，包括监管地方和行政主管部门生态环境保护的职能。在国务院行政法规和部门规章层次面，要根据法律制定控制污染和保护生态环境的执行细则。

## 二、改革和加强中国生态环境保护管理体制

（一）改革的总体目标。统一行使国家生态环境保护工作的监督管理，加强国家生态环境保护决策的权威性，提高生态环境保护监督管理的效果和效率，明确相关行政主管部门、行业主管部门保护生态环境和防治污染的职责，强化各级地方政府的责任。

（二）改革的基本思路。一是整体推进。生态环境管理体制改革的主

要任务是优化职能配置和健全机构设置。职能优化是体制改革的核心。然而，体制是由制度决定的，体制改革需要有完善的法律和政策制度支持。同时，体制、职能需要具备高效的运行机制、强大的管理和执行能力。只有制度、体制和机制作为一个整体全面改进和加强，环境保护管理体制改革才有可能实现。因此，推进环境保护管理体制改革，不应仅仅局限于机构改革和职能领域，而应将上述三个方面综合考虑，整体推进。

二是因时制宜。中国行政体制改革的进程、依法行政的进程和法制建设的进程三个背景共同决定了生态环境保护管理体制改革的可能性和可行性。

三是从易到难。中国生态环境保护管理体制的改革任务繁杂，但改革的成本和可能性却存在很大差异。应从总体上分析和把握改革进程，审时度势，循序渐进，分清问题的轻重缓急和简繁难易，先从最容易实现的做起，有步骤地推进改革，确保改革取得成功。

四是反求诸己。体制改革涉及诸多部门，需要调整各种利益关系。改革不是只针对其他部门和外部关系，同样也包括环保部门内部的改革。从某种意义上说，生态环境部门内部的体制改革应该率先垂范，特别是内部机构的重组和职能的优化、国家和地方部门的关系改进、区域分局职能的加强、信息资源的共享和使用、人力资源的结构调整和质量提升等都是主要依托环保部门自身的力量就可以完成的改革。因此，生态环境部门应反求诸己，从自己做起，以实际行动加速推动改革进程。

（三）改革进程。一是建立生态环境行政主管部门统一监督管理生态环境保护工作、其他部门和地方政府负责实施生态环境保护和污染防治工作的生态环境保护管理体制。生态环境保护管理体制的机构设置和职能确立必须有国家法律和国务院的行政授权。通过进一步改革和完善相关法律和法规，明确规定生态环境行政主管部门具有统一监督管理生态环境保护工作的职能、其他行政主管部门承担防治污染和保护环境的责任，并要接受生态环境主管部门的监督和管理。地方政府的生态环境部门负责本地生态环境保护工作的统一监督管理，并接受上级生态环境保护行政主管部门的监督。

二是改进运行机制和加强能力建设。特别是加强和完善环境保护的资金机制、优化人力资源结构和提升人力资源质量、改进环境保护信息机制。第一，生态环境是最普惠的公共服务，生态环境保护资金是公共财政的重要构成，中国目前公共财政支出中用于生态环境保护的资金不足，增长率却是最高，这表明国家对于生态环境保护日益重视。生态环境保护管理体制改革应抓住这一重大机遇，争取更多财政资金支持，建立和健全生态环境保护资金机制。第二，中国从事生态环境保护管理工作的人员总量不少，但结构不合理，大多数基层部门人力资源质量不高。国家和省级生态环保部门人力资源质量高但数量不足。考虑可建议取消一部分县生态环保局的设置，把这些工作人员充实到市级和省级生态环境局以及区域机构，以此解决目前存在的人员紧张的问题。第三，信息缺乏、不对称和不准确直接影响生态环境保护决策的准确性、及时性，影响污染防治的执行效果。因此，建立和加强生态环境保护的信息机制是目前亟待改进的重点领域之一。结合政府推进的政务公开和信息公开的大背景，建议强化信息的管理、分析和使用。

三是由生态环境部统一监督管理自然保护区、国家公园、风景名胜区、地质公园、森林公园、湿地公园的生态环境保护。

四是由生态环境部统一监督管理地质环境保护工作。长期以来，由于地质环境的特殊性质，与其他三类环境介质基本没有物质流动关系，地质环境保护一直处于没有统一监管的状态。但是已经出现大量利用地质环境处置、处理污染物的行为，这些行为有可能污染地下水，破坏地质矿产资源。

五是将农业农村部组织渔业水域生态环境及水生野生动植物保护的职

能调入自然资源部，生态环境部负责渔业水域生态环境保护的监管。

六是修改相关立法。第一，根据环境要素立法，改革现行生态环境保护法律体系。在中国的生态环境保护法律体系中，应明确环境保护法为上位法，改变现行生态环境保护法律主要依据污染防治立法的做法，下位法应为环境要素保护法，包括水环境保护法、大气环境保护法、土壤环境保护法、地质环境保护法、海洋环境保护法、自然保护区法。法律应明确规定生态环境行政主管部门的职责和其他相关行政主管部门的职责。每部法律应有明确具体的实施细则，以及生态环境部门和其他部门制定的行政规章。第二，增设关于地质环境保护的法律和条款。建议在环境保护法中设置关于地质环境保护的条款。制定关于地质环境保护的专项法律。2003年制定的《中华人民共和国放射性污染防治法》规定了利用地质环境处置放射性废物的法律要求，但对于利用地质环境处理、处置其他污染物没有法律效力。结合放射性污染防治法，建议制定地质环境保护法，并定位为环境要素法，由生态环境部负责地质环境保护的监督和管理。在制定法律之前，通过国务院“三定”规定确定生态环境部监管地质环境保护的职能。第三，修改现行海洋环境保护法，使之成为环境保护法的下位法，明确生态环境主管部门具有监管海洋生态环境保护的职能。

# 生态环境管理体制改革的山东实践

刘书伟①

党的十八届五中全会决定实行省以下环保机构监测监察执法垂直管理制度改革（以下简称“垂改”），在先行试点的基础上全面推开，力争“十三五”时期完成改革任务。山东省是中央确定的试点省。2016年9月以来，山东省从改革监察、监测、执法等环境治理制度入手，2017年9月出台《山东省环保机构监测监察执法垂直管理制度改革实施方案》，全面推开改革试点工作。

## 一、健全完善环境监察体制机制，切实落实对基层政府及其相关部门的监督责任

这次“垂改”明确由省级生态环境部门统一行使环境监察职能，加强对地方党委政府以及相关部门环保责任落实的监督检查和责任追究，将党

① 刘书伟：山东省委编办副主任。

政同责、一岗双责落到实处。环境监察职能是对下级党委政府及其相关部门的监督检查和问责，由省委、省政府授权省级生态环境部门行使。市县环境监察职能上收后，应在省生态环境厅机关的组织架构内，建立一套相对独立、专司“督政”的工作体系，从源头上优化完善工作运行机制。为此，山东省按照统分结合、全面覆盖、贴近基层、适当加强的原则，研究制定了改革措施。一是组建环境监察机构。为加强对环境监察工作的组织领导和综合协调，在省生态环境厅设立省环境监察办公室，作为省生态环境厅内设机构，具体承担省政府环境监察综合管理工作；根据全省生态环境状况，按照高效便捷的原则，设立 6 个区域环境监察办公室，派驻到设区的市，每个办公室负责 2—3 个市的环境监察工作，业务上接受省环境监察办公室指导。二是充实加强力量。为加强环境监察协调力度，明确由省生态环境厅 1 名副厅长兼任省环境监察办公室主任，同时建立环境监察专员制度，配备 3 名环境监察专员，每名专员联系 2 个区域环境监察办公室，负责协调指导区域环境监察办公室的工作。三是统筹调配人员编制。由于行政编制资源紧缺，过去一直由事业单位承担环境监察具体工作。这样的运行机制造成了行政职能体外循环，也弱化了环境监察工作。因此，山东省按照事业单位改革的要求，将行政职能收归机关，并下决心统筹调剂行政编制资源，保证生态环境部门督察履职需要。其中，从省级调剂 12 名编制，用于省环境监察办公室；按照“编随事走、人随编走”的原则，从市县环保部门调剂 72 名行政编制，全部用于区域环境监察办公室。

## 二、调整环保机构管理体制，着力解决地方保护主义对环境监测执法干预问题

这次“垂改”的另一项重点任务就是通过重构条块关系、调整机构隶属

关系，从制度和机制上有效解决地方保护主义干预环境监测执法的问题。要实现这一目标，需要充分调动“条”与“块”两方面的积极性，既不能因为改革削弱、上交地方党委政府的环保主体责任，也不能让地方党委政府权责不对等、没有手段、无法履职。山东省充分兼顾各方面关系，结合实际对具体环节进行了改革。一是调整市县环保机构管理体制。设区市环保局实行以省生态环境厅为主的双重管理，仍作为市政府工作部门，确保市级党委政府环境履职有机构有手段；县（市、区）环保局调整为市环保局的派出机构，领导班子成员由市环保局任免，人财物由市环保局统一管理，强化市级对县级环保工作的综合统筹。二是调整环境监测管理体制。省生态环境厅直接管理驻市环境监测机构，统一负责全省及各市县生态环境质量监测、调研评价和考核工作，防止生态环境质量监测数据干扰，驻市环境监测机构名称统一规范为山东省 ×× 环境监测中心；县级环境监测机构主要负责执法监测，统一更名为 ×× 环境监控中心，随县级环保局一并上收到市级。为了避免同一层级、同一区域机构重复设置，造成资源浪费，山东省明确要求省级和驻市环境监测机构在生态环境质量监测的同时，还要发挥技术设备优势，配合市县环保机构做好执法监测、应急监测工作，各市不再另建环境监测机构。针对部分县（市、区）尚未设立环境监测机构的情况，为防止出现监测盲区，各市可根据实际情况对县级环境监测机构进行整合优化，组建跨区域的环境监测机构；未设置环境监测机构的市辖区，其环境监测任务可由市级环保部门整合现有县级环境监测机构承担，或由驻市环境监测机构协助承担。三是加强环境执法工作。与综合行政执法体制改革要求相衔接，明确将环境执法机构列入政府行政执法部门序列，加快推动环境执法重心向市县下移。省环境执法局受省生态环境厅委托，主要承担跨区域、重大环境违法行为的综合执法工作，指导市、县（市、区）环境保护综合执法工作；日常环境执法工作主要交由市、县承担。县（市、区）环境执法机构随同级环保机构一并上收到市级，由市环保局统一管理、统一指挥本行政区域内环境执法力量。

## 三、优化调整重点流域监管监测执法机制，积极探索跨流域环境监管和执法新模式

按照中央关于开展按流域设置环境监管和行政执法机构的试点工作要求，在明确省市环境监察监测执法职责的基础上，结合山东实际，对涉及多个市的流域管理和执法问题进行了研究，在调整跨流域环境监管和执法体制方面进行了探索。一是设立流域环境监管机构。为实现流域环境保护统一规划、统一标准、统一环评、统一监测、统一执法，在省生态环境厅设立了南四湖东平湖流域环境监管办公室，作为内设机构，具体负责协调、指导南四湖东平湖流域内环境监管和监测执法工作，组织拟定流域有关规划、标准、规范，参与流域环境评价工作。二是明确流域环境执法职责。为统筹流域内环境执法力量，加强对流域内环境综合执法工作的指导和协调，在“垂改”进一步优化省环境执法局职责的基础上，明确由其承担南四湖东平湖流域环境保护综合执法工作，具体组织协调执法过程中遇到的各类问题。三是明确流域环境监测职能。改革前，济宁市环境监测机构承担着南四湖的水质监测任务，具备一定的工作基础，与流域内其他市级监测机构相比，技术水平和监测能力相对较好。综合考虑南四湖东平湖流域分布和相关市环境监测机构建设情况，我们确定将济宁环境监测中心上划省生态环境厅管理，并加挂省南四湖东平湖流域环境监测中心牌子，由其承担南四湖东平湖流域生态环境质量监测职责，并在机构建设、技术能力建设等方面加大支持力度，进一步提升其监测能力水平。

## 四、加强乡镇环境监管机构队伍建设，进一步健全乡镇网格化环境监管体系

针对山东省乡镇环境保护等方面目前存在的机构不健全、职责不明

确、专业技术力量不足的问题，2016 年，山东省明确乡镇（街道）在相关机构加挂环境保护办公室牌子，并配备不少于 3 名专职人员，主要负责农村饮用水水源地保护、生活污水和垃圾处理、大气污染防治、畜禽养殖污染防治、土壤环境保护和工矿污染监管等工作，配合县级环保部门按区域派驻的监管执法机构做好相关工作。这次改革重申了加强乡镇环保的要求，确保有人负责、有人干事，推动农村环境治理体制机制进一步健全完善，农村环境保护公共服务水平全面提升。

## 五、协同推进生态环境监管机构改革，全面形成改革合力

2018 年 2 月，党的十九届三中全会作出了深化党和国家机构改革的决定，明确要求设立自然生态监管机构，完善生态环境管理制度。按照“垂改”要求在优化调整环保部门职责任务的基础上，整合省环境保护厅的职责，省发展和改革委员会的应对气候变化和减排职责，省政府节约能源办公室的推行清洁生产相关职责，省水利厅的编制水功能区划、排污口设置管理、水域排污总量控制职责，省农业厅的农业农村减排、农业面源污染治理职责，省海洋与渔业厅的海洋环境保护职责，以及省南水北调工程建设管理局承担的南水北调工程项目区环境保护等行政职能，组建省生态环境厅，负责统一行使生态和城乡各类污染排放监管与行政执法职责。为确保生态环境管理领域上下贯通、执行有力，明确要求市县参照省级模式整合组建同级生态环境部门，管理体制按照环保机构垂直管理制度改革有关要求执行。

# 陕西生态环境管理体制改革实践与创新

王　文[①]

## 一、市以下环保机构垂直管理制度改革

从 2002 年开始，陕西省积极探索实行环保机构市以下垂直管理体制。到目前已运行 16 年，从实践看，制度设计的初衷基本实现，主要解决了四个方面的问题。一是解决了县级环保局长“能顶住、站不住”的问题。县级环保局班子打消了顾虑，敢抓敢管，严格依法行政，环境执法监管的权威性、统一性得到加强，一些市对县级环保局长、监察大队长还实行了异地交流使用，一定程度上克服了地方保护主义和地方行政干预。二是解决了县级环保机构“守不住门、乱进人”的问题。人事管理权限上收后，县级环保机构进人由市级严格审批把关，有效遏制了过去乱批乱进人的问题。据

① 王文：陕西省生态环境厅副巡视员。

统计，大专以上人员的比例由垂直管理之前的不足10%，增加到目前的80%以上。三是解决了跨县域环境执法、应急、监测工作协调难的问题。增强了市级环保部门实施环境监管的统一性、整体性，市辖区内跨县界的环境问题得到较好解决。环保资金实行市级统一管理，也有利于集中有限财力解决重大环境问题。四是解决了县级环保机构人员工资待遇保障的问题。实施垂直管理之后，县级环保系统人员工资和工作经费由市财政保障，一些财政困难县挤占、挪用环保专项经费，甚至长期拖欠人员工资的现象得到扭转。

## 二、省以下环保机构垂直管理制度改革

2016年9月，中共中央办公厅、国务院办公厅《关于省以下环保机构监测监察执法垂直管理制度改革试点工作的指导意见》印发后，陕西省认真开展调研论证，充分借鉴其他地方经验，编制印发了《陕西省环保机构监测监察执法垂直管理制度改革实施方案》。

当前，在生态环境保护方面遇到的最大问题就是工作部署、工作方案、工作安排非常全面细致，但工作压力传导逐级递减，工作落实不到位，特别是“最后一公里”的问题没有完全解决。习近平总书记指出，督察是抓落实的重要手段。从2016年10月到2017年年底，陕西省已经实现了省级环保督察全覆盖，环保督察制度在环境管理中发挥了非常重要的作用。一是生态环境保护的国家意志和地位得到加强，并通过环保督察制度实施得到了体现。二是通过督察整改牵动各级党政“一把手”学习参与生态环境保护。三是解决了一大批过去想解决、解决不了的环境问题，加快了一些过去想推动、推动不快的工作。四是通过问责警示了一大批干部。五是广大公众对生态环境保护的参与热情和监督程度空前提高。因

此，在这次改革中，陕西省在环保督察管理体制方面做了一些探索，重点是强化了两套机制。

省级层面成立环境保护督察巡查工作领导小组，以省委名义开展工作，省长任组长，领导小组设在省生态环境厅，成员单位涉及18个部门。环保督察制度的一个鲜明的特点就是问责，陕西省在领导小组成员中增加了省纪委监委和省委组织部，这有利于问责的实施和督察成果在领导干部任用和目标责任考核中充分应用，提高环保督察制度的权威性。

积极构建新型环境监察督政体系，给省生态环境厅增配1名负责环境监察、督察巡查工作的副厅长，增设2个环境监察内设处，监察一处负责中央环保督察配合保障、整改和对横向部门的督察，监察二处负责省级对下环保督察。省生态环境厅向各市分别派驻环境监察局(西安市为副厅级，其他市为正处级)，通过列席重要会议、日常或专项督察巡查、受理投诉等形式，对驻地各级党委、政府及其部门履行生态环境保护职责情况实施监督。建立环境监察专员制度，按区域设立副厅级环境监察专员4名，分片管理驻市环境监察机构。

## 三、对生态环境体制改革的建议

一是强化生态环境保护委员会的协调作用。在促进高质量发展，聚焦生态文明建设重大事项，研究解决生态环境保护突出问题，切实发挥委员会的统筹协调、综合决策作用。

二是进一步健全和规范基层环保机构。进一步明确和压实各级环保机构职责，避免多头管理浪费行政资源；出台统一的市级环保机构设置意见；按照经济发展水平、生态治理任务和实际工作量按照分类指导的原则，规范县级环保机构建设；逐步建立健全乡镇环境保护机构。

三是保持环保干部队伍活力。通过按照一定比例进行环保干部内外交流使用、上挂下派、异地任职等方式，有计划、分层次地培养一支新老交错、结构多元的环保干部队伍。

# 第三部分

# 生态环境保护综合执法体制

# 深化行政执法体制改革<br>提升生态环境保护治理能力

王龙江[①]

党的十八届五中全会提出，要实行省以下环保机构监测监察执法垂直管理制度改革，着力解决现行以“块”为主的地方环保管理体制存在的“4个突出问题”[②]，中央编办配合环保部（当时为环保部，现为生态环境部）开展环保机构垂直管理制度改革工作，取得了积极进展和明显成效。

## 一、基本情况和主要做法

2016年9月，中办、国办印发《关于省以下环保机构监测监察执法

① 王龙江：时任中央编办三局局长。

② “十三五”规划说明中提出，现行环保体制存在4个突出问题：一是难以落实对地方政府及其相关部门的监督责任，二是难以解决地方保护主义对环境监测监察执法的干预，三是难以适应统筹解决跨区域、跨流域环境问题的新要求，四是难以规范和加强地方环保机构队伍建设。

垂直管理制度改革试点工作的指导意见》（以下简称《意见》），对环保机构垂直管理制度改革工作作出全面部署。改革的任务主要包括：一是调整现行的环保行政管理体制，将市级环保机构调整为以省级环保部门管理为主的双重管理，县级环保机构直接作为市级环保局的派出分局，实现省以下环境保护治理的集中统一，避免地方保护主义的行政干预；二是调整现行的环境监测体系，市级环境监测机构调整为省环保部门驻市环境监测机构，人财物由省级直接管理；三是对应国家层面环保监察体制，由省级环保部门统一行使环境监察职能，探索建立环境监察专员制度；四是加强市县环境执法，环境执法重心向市县下移，加强基层执法队伍建设，强化属地环境执法。关于执法工作，《意见》还要求，市级环保局统一管理、统一指挥本行政区域内县级环境执法力量，由市级承担人员和工作经费。依法赋予环境执法机构实施现场检查、行政处罚、行政强制的条件和手段等。

《意见》下发后，环保部确定在河北、上海、江苏、福建、山东、河南、湖北、广东、重庆、贵州、陕西、青海 12 个省（市）开展改革试点。中央编办配合环保部切实加强业务指导，及时对各地试点方案的共性问题进行研究，拟定了审核备案口径，完成了河北、重庆、江苏、山东、湖北、青海、上海、福建、江西、天津、陕西 11 个试点省（市）的环保机构垂直管理制度改革工作方案审核备案工作。改革中，试点省份大力推进环境执法力量下沉，市县环保局更加聚焦“查企”，由市级环保局统一管理、统一指挥县级环境执法力量，有效提高了执法效率。同时，环境执法机构设置进一步规范，基层执法队伍建设进一步加强，执法能力明显提升。比如，湖北、江苏、天津等地规范和加强了基层环境执法机构和队伍；江苏省在优化整合市辖区环境执法机构的基础上，建立了跨区域、跨流域环境执法机构；山东、福建、重庆等地探索了网格化和综合巡查相结合的农村环境执法模式。

## 二、初步成效和存在的难点

经过一年多的探索实践，各试点省份初步建立起省以下环保机构垂直管理的生态环境监测监察执法管理体制，生态环境保护执法工作取得了初步成效。

一是地方保护主义对生态环境保护执法的干预减少。试点省份通过调整地方生态环境部门领导干部管理体制、改变机构隶属关系、变更财政经费保障渠道等措施，进一步增强了基层生态环境部门的执法力度和成效。

二是生态环境部门职责进一步优化。省级生态环境部门进一步聚焦对市县两级生态环境质量的监测考核和生态环境保护履责情况的监督检查，市县两级生态环境部门聚焦执法监测和监督执法，较好地解决了地方生态环境部门权责划分不尽合理等问题。

三是市县生态环境保护执法得到进一步加强。生态环境执法力量下沉，由市级环保局统一管理、统一指挥县级生态环境保护执法力量，统一部署开展执法检查行动，承担人员和工作经费，使执法者“腰杆更硬”、行动更有效。

四是地方生态环境部门设置更加规范。一批原为事业单位的环保局转为行政机构，生态环境保护执法职责得到强化，执法能力得到提升。上海、天津等地结合环保机构垂直管理制度改革工作，持续推进县级生态环境监测、执法标准化建设。

五是探索建立跨流域环境联合监测、联合执法体制。山东、贵州、福建等地编制了省内流域试点实施方案，积极探索建立流域环境监管和行政执法机构。青海省组织开展湟水流域上下游联合监测、联合执法，并不定期组织交叉执法，推动市县流域生态环境保护统一规划、统一标准、统一环评、统一检测、统一执法。

改革还存在以下难点：一是关于省以下环保机构垂直管理与基层管理体制相互衔接。部分试点省份反映，县级环保部门上收到市里以后，县级政府仍对生态环境保护工作担负主体责任，但具体工作缺乏有效抓手，基层政府存在权责不一致的担忧，责任压力和工作难度都很大。二是关于人员力量统筹管理。市级对上收的不同身份执法人员在统筹管理方面存在一定困难，财政支出压力比较大。下一步市级向乡镇延伸工作力量，可能会遇到县级政府支持配合不力的情况。三是关于因地制宜推进改革。个别试点省份反映，各地情况差异较大，需客观分析不同地区的工作基础和面临的形势任务，结合实际细化政策措施。比如，有的地方县级环保部门与其他部门已实行大部门制综合设置，不宜再拆分上收实行垂直管理。

## 三、下一步改革的考虑

党的十九届三中全会作出了深化党和国家机构改革的重大决定，把改革生态环境管理和执法体制作为改革重要内容。将环境保护部的职责以及国家发展改革委、国土资源部、水利部、农业部、国家海洋局等有关部门的相关环境保护职责进行整合，组建生态环境部，作为国务院组成部门，由其统一拟定生态环境政策、规划和标准，加强跨区域、跨流域环境保护的统筹职责，推动环境保护的城乡统筹、陆海统筹、区域流域统筹、地上地下统筹，实现污染治理的要素综合、职能综合、手段综合，进行全防全控。

同时，为解决生态环境监测和执法力量分散的问题，提高执法效能，减少对企业的重复检查和重复收费，改革整合环境保护和国土、农业、水利、海洋等部门相关污染防治和生态保护执法职责、队伍，组建生态环境保护综合执法队伍，统一实行生态环境保护执法。

改革后，将建立生态环境保护新的管理体系，明确和落实环境治理责任，形成权责明确、协同高效、监管有力的生态文明管理新的体制机制。

根据中央精神，中央编办配合生态环境部起草了《关于深化生态环境保护综合行政执法改革的指导意见》稿，征求了中央有关部门和31个省（区、市）意见。目前，正在履行审核报批程序。同时，指导地方将环保机构垂直管理制度改革工作、生态环境保护综合行政执法改革纳入地方机构改革统筹推进和实施，确保按照中央要求完成生态环境部门组建、环境保护垂直管理、生态环境保护综合执法队伍整合组建等改革任务，为我国生态环境保护事业和生态文明建设提供有力的体制机制保障。

# 生态环境保护综合执法管理体制的现状、挑战及思考

孙振世①

整合组建生态环境保护综合执法队伍，是深化党和国家机构改革拟组建的五支执法队伍之一，是改革生态环境监管体制的重要内容，是贯彻落实“放管服”改革精神和深化行政执法体制改革的重要举措，对于加快推进生态环境领域国家治理体系和治理能力现代化具有重要意义。生态环境保护综合执法改革，涉及多个生态环境要素、多个行政管理层级、多个行政主管部门，领域广泛、关系复杂、任务繁重，受到各方关注。

## 一、生态环境行政执法体制现状

按照现行法律规定，我国环境保护领域实行“块块管理”（部门间实

① 孙振世：生态环境部生态环境执法局稽查处处长。

行统管与分管）和“属地管理”（不同层级实行分级管理）相结合的体制。横向上，环境保护法第十条规定，县级以上的环境保护部门对环保工作“实施统一监督管理”，有关部门对“资源保护和污染防治等环境保护工作实施监督管理”，同级部门间属于统管与分管的关系。纵向上，《环境保护法》第六条规定，“地方各级人民政府应当对本行政区域的环境质量负责”，系统内不同层级实行分级管理。行政执法是生态环境行政管理的一部分，也属于这一体制。

党的十八大以来，生态文明建设成为国家顶层设计的重要组成部分，生态环境保护在经济社会发展中的重要性不断提升。在这一大背景下，环境执法改革时机日渐成熟。

（一）积极推进执法体制改革。如何改革生态环境执法体制，党的十八届三中全会提出独立进行环境监管和行政执法；党的十八届四中全会提出重点在资源环境等领域推行综合执法；党的十八届五中全会提出，实行省以下环保机构监测监察执法垂直管理制度。2018 年，中央再次提出综合执法改革，这为执法体制提出了两个层次的改革路径。

纵向上，实行省以下垂直管理改革。2016 年 9 月，中央出台《关于省以下环保机构监测监察执法垂直管理制度改革试点工作的指导意见》，明确地市级环保局实行以省级环保厅（局）为主的双重管理体制，县级环保局作为地市环保局的派出机构，不再单设，由市（地）级环保部门统一管理、统一指挥行政区域内县级环境执法力量。目前，河北和重庆已经改革到位，另有 9 个试点省（市）完成改革方案备案。试点省份大力探索，在提高执法独立性、统一性、权威性、协同性方面有很多突破。

横向上，实行综合执法改革。党的十九届三中全会要求，着力解决多头多层重复执法问题，以及执法不规范、不严格、不透明、不文明以及不作为、乱作为等突出问题。要求完善权责清单制度，加快推进机构、职能、权限、程序、责任法定化，强化对行政权力的制约和监督。《中共中央关于深化党和国家机构改革的决定》对深化行政执法体制改革提出总体要求，《深化党和国家机构改革方案》对生态环境保护综合执法改革作出具体规定。这为生态环境保护综合执法改革提供了根本遵循。

通过垂直管理和综合执法，执法面临的问题可以在更高层面上、更大区域内协调解决，生态环境部门的协调能力得到加强。

（二）探索执法新机制新模式。为解决上述问题，生态环境部门通过强化执法力度、完善机制措施，进行了积极探索。

一是执法力度显著提升。新《环境保护法》2015年起开始实施，2015—2017年全国环保部门立案查处违法案件数分别为9.7万、13.78万、23.3万件，年增长幅度分别为33%、42%、69%；处罚金额分别为42.5亿元、66.3亿元、115.8亿元，年增长幅度分别为34%、56%、74.6%。二是探索异地交叉执法和区域联动执法模式。如京津冀及周边地区大气污染督察。2017年，生态环境部组织31个省份5600名执法人员开展25轮不间断、压茬式强化督察。现场检查企业23.1万家，发现问题3.7万个，整治“散乱污”企业6.2万余家，《大气污染防治行动计划》第一阶段目标任务圆满完成。水和土方面也参考这一模式，为落实党中央、国务院“大气十条”“水十条”“土十条”，打好污染防治攻坚战等一系列重大行动提供了有力支撑。三是基层执法能力和水平明显改善。从数量上看，2017年，全国实施停产限产、按日计罚、查封扣押、移送拘留、移送涉嫌环境污染犯罪五类案件总数3.96万件，同比增长74%，基层执法队伍查处大案、要案更得力。从质量上看，处罚文书更加规范，事实认定更加客观，法律适用更加准确，执法程序更加规范，处罚手段更加丰富，执法案卷评查结果不断向好。四是加大信息公开力度。通过微信、微博加大执法信息公开力度。如，2018年的挂牌督办工作，一个月发布执法督察、曝光环境问题的新闻稿件80余篇，媒体、电视、网络纷纷转载，直接阅读量超过292万人次，执法效力显著增强。

## 二、生态环境保护综合执法改革面临的挑战

2018 年部分省份已经先行先试，对综合执法改革作出了规定。从试点情况看，生态环境保护综合执法改革面临如下诸多挑战。

（一）如何确定综合执法的范围。如何理解生态环境保护执法这一概念，是改革的基础，但目前尚缺乏规范的定义。《深化党和国家机构改革方案》明确要求"整合组建生态环境保护综合执法队伍。整合环境保护和国土、农业、水利、海洋等部门相关污染防治和生态保护执法职责、队伍，统一实行生态环境保护执法"。所以，生态环境保护执法应该包括污染防治执法和生态保护执法两个方面。目前主要问题是生态保护执法的领域范围并不具体。

《环境保护法》第二条对环境的概念进行了定义，指"影响人类生存和发展的各种天然的和经过人工改造的自然因素的总体，包括大气、水、海洋、土地、矿藏、森林、草原、湿地、野生生物、自然遗迹、人文遗迹、自然保护区、风景名胜区、城市和乡村等"。但是生态环境保护明显更加宽泛。

从各地各部门综合执法改革实践来看，模式选择与执法范围密切相关，生态环境保护综合执法改革也不例外，具体采取哪种模式应在明确执法范围的基础上确定。

（二）如何划定部门间执法边界。厘清部门间执法职责，划定边界，解决多头重复执法问题。一是执法事项和执法主体分散，整合难度较大。污染防治执法，相关领域法律、标准体系较为健全，执法权较为集中，主要由原环保部门负责实施。相对的，生态保护执法领域则较为分散，涉及国土、水利、农业、林草、海洋、住建等部门，有的执法事项存在多个执法主体，这将增加地方综合执法改革的协调难度。二是生态保护与资源保

护边界模糊。例如土地、矿藏、森林、草原、湿地、野生生物等领域的保护，既有生态属性、自然属性，也有资源属性、经济属性。自然资源部设有执法局，负责查处自然资源违法案件。生态环境部也设有执法局，负责查处重大生态环境保护违法案件。生态环境部“三定”规定“监督对生态环境有影响的自然资源开发利用活动、重要生态环境建设和生态破坏恢复工作”。个别、局部的资源不合理开发利用并不必然导致生态破坏，执法边界较难把握。三是监督管理与监督执法，各方理解不一。例如自然保护地执法，国家林业和草原局“负责监督管理各类自然保护地”，生态环境部负责“组织制定各类自然保护地生态环境监管制度并监督执法”。如何准确理解、界定和把握“监督管理”和“监督执法”，各方有不同的理解。

（三）如何完善执法法制保障体系。完善法律、标准和执法规范等基础性工作应纳入议事日程。一是立法修法急需提上议事日程。生态保护没有系统性的专门立法。经过对法律和国务院行政法规的系统梳理，与生态保护高度相关的执法事项分散在水法、森林法、草原法、海洋环境保护法、防沙治沙法等 30 多部法律法规中，这些法律法规主要侧重于资源开发利用保护和生态建设，很多领域没有针对生态破坏的执法依据。二是生态保护执法缺乏量化标准。在污染防治执法方面，已有 20 多部法律法规，环境质量标准、污染物排放标准两大类标准体系，共 1000 多项，量化标准非常清晰。在生态保护执法方面，相关部门在各自领域建立了标准体系。然而，生态环境涵盖领域众多，如何建立综合的标准和评价体系，如何界定哪些生态破坏行为会导致生态恶化，如何把握执法尺度，还需要大量的研究。三是综合执法面临合法性问题。这是综合执法改革面临的普遍性问题，如执法人员身份不统一等。另外，由于实行垂直管理，县级生态环境局的派出机构如何行使执法权等也是个问题。

## 三、生态环境保护综合执法改革的思考

生态环境保护综合执法改革，关系到生态环境保护责任是否落实，关系到最严格的生态环境保护制度是否落地，对构建政府为主导、企业为主体、社会组织和公众共同参与的生态环境治理体系具有基础性作用。

（一）系统谋划顶层设计。一是妥善处理贯彻中央精神与结合地方实际的关系。维护中央集中统一领导，与地方机构改革、“放管服”改革、省以下环保机构监测监察执法垂直管理制度改革有机衔接。二是妥善处理系统改革与聚焦重点的关系。突出多头多层重复执法问题这一重点，突出执法办案定位，剥离与执法不相关的职能，加大整合力度，精简执法队伍数量。三是妥善处理锐意改革与科学论证的关系。充分论证整合执法职责和队伍的必要性、合理性、可操作性，确保改革思路清晰、方向明确。

（二）统筹推进重点任务。一是优化综合执法职责整合范围。有统有分，减少“九龙治水”问题。在“统”方面，整合较为分散的生态保护执法职责；在“分”方面，充分发挥交通、农业、城市管理等其他综合执法队伍的作用。二是规范设置各层级执法队伍机构、职责。与事业单位分类改革相协调，规范设立各级执法机构及其内设机构，明确省、市、县三级执法队伍的事权划分方案，市县两级执法队伍要避免职责交叉，严格控制多层重复执法。三是合理划转执法队伍和人员。按照“编随事走、人随编走”原则，适当划转人员。合理确定划转方式和范围，确保职责与人员相匹配。

（三）及时制定配套措施。一是完善法制体系。建构适应生态文明体制改革需要的法律法规和标准体系，由中央统一规范综合执法队伍身份编

制，确保综合执法有法可依。二是完善制度保障。搭建解决重大环保问题的协调沟通平台，完善形式上的统一监管职能，制定发布生态环境保护责任清单，确保条块结合、各负其责、顺畅高效。三是规范执法行为。健全规范执法、监督问责相关制度，清理规范执法事项和程序，创新执法方式，减少执法扰民，确保执法的科学性、合理性、程序性。

# 我国生态环境执法的主要制约因素及破解之道

王灿发①

## 一、我国生态环境执法的主要制约因素

第一个制约因素是现有的生态环境保护执法体制与生态环境执法体制改革的要求不相适应。具体表现为：现有的生态环境保护执法体制是以污染防治监管为主、分级（四级）、分部门负责的执法体制，原来由环境保护部负责，主要是管污染防治，而且实行统管与分管相结合的体制，各部门分别负责、环保部门实施监督管理。生态环境执法体制改革要求的管理体制是统一的生态环境监测和执法体制。《深化党和国家机构改革方案》中明确由生态环境部统一负责生态环境监测和执法工作，这个“统一”是将生态环境监测和生态环境执法统一由生态环境部负责。

① 王灿发：中国政法大学环境资源法研究所教授。

第二个制约因素是现有环境保护立法规定的监督管理体制与生态环境执法体制改革的要求不相适应。目前，环保法律是比较健全的，包括《中华人民共和国环境保护法》和6部污染防治法，以及《海洋环境保护法》，它们的监管体制均是监督管理与分工负责相结合。10多部生态保护的法律法规大多没有授予环保部门执法权。9部自然资源的法律，如土地管理法、森林法等，基本上没有授予环保部门生态环境执法的权力。

第三个制约因素是不同改革方案的不同表述影响了对统一生态环境执法范围与程度的认识。2015年中共中央、国务院印发的《生态文明体制改革总体方案》中明确要求有序整合不同领域、不同部门、不同层次的监管力量，建立权威统一的环境执法体制。这里强调的是环境执法体制，而不是环境保护执法体制。《中共中央关于深化党和国家机构改革的决定》和《深化党和国家机构改革方案》中明确，组建生态环境部，统一行使生态和城乡各类污染排放监管和行政执法职责。环境保护执法、环境执法、生态环境执法，其含义各有不同，不同部门有不同理解和认识。

第四个制约因素是政府部门“三定”规定使得生态环境执法很难统一起来。目前，与生态环境执法相关的部门，包括生态环境部、自然资源部、农业农村部、国家林业和草原局、水利部。生态环境部的职责是指导协调和监督生态保护修复工作，国家林业和草原局的职责是负责监督管理荒漠化管理工作，自然资源部负责统筹国土空间生态修复，那么，“监督管理”是否包括行政执法，生态修复与生态破坏的修复有无实质区别。这些问题尚未有明确的答案。

第五个制约因素是现有环境执法能力与生态环境统一执法需求不相匹配。现在主要是适应污染防治执法、陆上执法和城市执法，现有的执法设备无法支持海上、地下、农村执法；执法人员专业知识能力不足。2016年、2017年我们对环保法实施的情况进行了两次评估，评估的结果显示，全国有专业环保背景的执法人员比例很低，北京市最高，约为30%，其他三个直辖市达到了25%以上，其他地方均不足25%。

## 二、我国生态环境执法制约因素的破解

第一，对现有立法进行必要的修订。建议尽快修订海洋环境保护法及其相关的法规。修订自然资源法，在自然资源法及相关法律中明确开发自然资源过程中的生态环境执法由环境部门负责。修订生态保护的法律法规，增加环保部门执法职权的相关规定。第二，继续深化管理体制改革，解决名实不符、职能交叉的问题。第三，加强生态环境执法能力建设。加强机构建设，建议设立权威高效的生态环境监察总局，配备必要的执法设备，并不断提高执法人员的专业素养。第四，提升和改善对生态环境执法的认识。生态环境执法不是过去的环境保护执法，生态执法面比较宽，生态环境执法是对相关部门进行监督。同时，生态环境执法也不能代替相关部门的管理权。

# 欧洲生态环境综合执法的经验

龙迪（Dimitri de Boer）①

本文主要介绍欧洲环保协会在英德两国提起空气污染诉讼的经验，进一步比较中国与欧洲国家环境执法之间的异同，并为中国提供相关建议。

欧洲环保协会起诉的依据之一是欧盟及其成员国通过的非常重要的一项立法——《奥胡斯公约》(*Aarhus Convention*) ②。该公约制定了信息公开、公众参与和环境司法三个领域的相关原则。公约明确规定，公民和社会组织有权获得相关信息，有权出于环保目的提起诉讼。

---

① 龙迪：克莱恩斯欧洲环保协会（英国）北京代表处首席代表。

② 《奥胡斯公约》(英文全称为：Convention on Access to Information, Public Participation in Decision-making and Access to Justice in Environmental Matters)。1998 年 6 月 25 日，联合国欧洲经济委员会在第四次部长级会议上通过了《在环境问题上获得信息公众参与决策和诉诸法律的公约》，公约于 2001 年 10 月 31 日生效，是环境信息公开制度发展的里程碑。

## 一、欧洲环保协会诉英国政府案

第一个案例是欧洲环保协会诉英国政府案。英国每年有近 4 万人死于空气污染，这个数字高于由肥胖和酗酒致死的总和，其中，二氧化氮是罪魁祸首。鉴于此，2011 年，欧洲环保协会以空气质量不达标为由将英国政府告上法庭，下级法院驳回了诉讼请求。随后欧洲环保协会上诉到最高法院，最高法院在作出最终判决前，就若干法律问题征询了欧洲法院的意见。直到 2015 年，最高法院才判定：英国政府的治理方案未能有效减少超出法定范围的空气污染，要求英国政府在 2015 年年底制定新计划。法院还判定，空气污染属于健康危机，不属于政治问题，所以执政党无论属于哪个党派，都必须解决空气污染问题，而且是尽快解决。

作为回应，英国政府制定了新的计划，但将空气质量达标的期限定在了 2025 年。于是，欧洲环保协会于 2016 年再次起诉英国政府，理由是政府不能“尽快”缓解空气污染。法院受理了欧洲环保协会的诉讼请求，要求英国政府出台新的空气治理方案。

虽然英国政府又起草了新的方案，但在欧洲环保协会看来，方案治理力度仍然不够。所以，2018 年欧洲环保协会第三次状告英国政府，英国高级法院受理了诉讼请求，并决定暂不结案。这样，一旦英国政府未能充分履责，欧洲环保协会随时可向法院起诉。高级法院大法官迦纳姆对欧洲环保协会的做法赞赏有加，称其对“政府工作起到了宝贵的监督作用”，该案件至今仍未结案。

诉英国政府空气污染一案虽然过程曲折、耗时耗力，但是案件有助于提高英国和欧盟成员国的空气污染防治意识，让空气污染防治成为政府的工作重点。

## 二、欧洲环保协会诉德国政府案

欧洲环保协会在其他国家也提起了类似的诉讼。德国是欧洲汽车工业的中心，起诉德国政府一案最有代表性。

2016—2018 年，欧洲环保协会以空气质量未达标为由，对德国几大城市的市政府提起了 28 项诉讼。下级法院受理了诉讼请求，命令市政府出台禁令，取缔老旧柴油车。但德国汽车工业和默克尔政府一直在积极游说，反对柴油车禁令。在他们的影响下，个别市政府上诉到德国联邦最高行政法院，称国家法律不允许颁布柴油车禁令。2018 年 2 月，联邦最高行政法院作出判决，市政府必须严格遵守欧盟法律，保护市民不受空气污染危害。对市政府而言，颁布柴油车禁令既是权力也是义务。

此后，多个法院下达命令，要求包括法兰克福在内的市政府必须在 2019 年之前出台柴油车禁令。理论上，各省环境部长可因不遵守法院判决而入狱。

## 三、欧洲环保协会致函罗马市政府

欧洲环保协会每次起诉前都会致信被告方，礼貌提醒其守法，否则将对其提起诉讼。在起诉罗马市政府前，欧洲环保协会就发了一封这样的函。几天后，罗马市长召开了记者会，表示“我一直在考虑禁止柴油的问题”，最终决定解决问题，避免了打官司的尴尬。

上述空气质量诉讼案有着非同寻常的意义。目前欧洲各国政府纷纷出台政策，逐步取缔柴油车。正因为如此，欧洲柴油车的市场份额在过去几年下跌了约 20%。

## 四、中欧环境执法对比

对比中欧的环境执法，最显著的差异就是欧盟更注重预防。绝大多数社会舆论和庭审案件的主题都是新的污染预防项目。而且与中国相比，欧洲的环境执法人员所监管的工业设施数量较少，可以针对每个工业设施投入的时间更多，有更多的时间推动公众参与和信息公开。

此外，欧洲国家都有环境许可证制度，这是综合环境执法的主要工具。许可证厘清了适用的法律和标准，并且明确了监测和举报制度。整个体系的有效运行依赖于主动报告制度，如果一家工厂超标排放，工厂必须主动上报，否则将按刑事犯罪处理。

# 江苏省生态环境保护综合执法体制改革的探索与实践

周家新 ①

2015年3月，中央编办印发《关于开展综合行政执法体制改革试点工作的意见》，明确在资源环境、农林水利、海洋渔业等领域推进综合执法。同年9月，江苏省政府办公厅印发《关于开展综合行政执法体制改革试点工作的指导意见》，明确南通等地在资源环境等领域开展综合行政执法体制改革。《深化党和国家机构改革方案》要求深化行政执法体制改革，整合组建生态环境保护综合执法队伍。2018年6月，江苏省委办公厅、省政府办公厅印发《关于深化综合行政执法体制改革的指导意见》，提出构建地方综合行政执法体系。江苏省在生态环境保护综合执法管理体制方面不断探索，取得了积极成效。

---

① 周家新：江苏省行政管理体制改革与机构编制研究会会长。

## 一、主要做法

一是省级加强环境执法监督。结合省以下环保机构监测监察执法垂直管理制度改革和承担行政职能事业单位改革试点工作，江苏省撤销原作为事业单位设置的江苏省环境保护监察总队，将其行政职责划入省环保厅，将其事业编制按照一定比例置换为行政编制，设立省环保厅环境行政执法监督局，负责全省环保行政执法监督管理，指导全省环境执法机构和队伍建设，对跨设区市相关纠纷及重大案件进行调查处理，组织开展环保执法专项行动，负责省级环保行政处罚和行政强制工作。

二是市县推进环保一支队伍管执法。通过整合执法职能、统一执法队伍、下移执法重心、充实执法力量等方式，将原环保部门内部多支执法队伍、多个处室的执法职能整合为一支队伍。比如，南通市将市环境监察支队、市固体废物监督管理中心、市环境应急中心 3 支队伍进行整合，将市固体废物监督管理中心、市环境应急中心的行政职能划入局机关，将固体废物执法、应急调处、核与辐射执法等执法职能整合进市环境监察支队，在环保领域实现一支队伍管执法。如皋市将原先分散在市环保局环评科、污染防治科、总量减排科、环境监察大队等科室和单位的执法权限整合至环境监察大队，保留一支环保执法队伍。常州市环保局统筹县区和乡镇（街道）的执法管理工作，统一管理、统一指挥本行政区域内县级环境执法力量，结合省以下环保机构监测监察执法垂直管理制度改革，跨乡镇设置了 31 个区域环境保护所，并将市环境执法局人员下沉到县区，确保一线执法工作需要，切实解决基层“看得见、管不着”和执法力量分散薄弱等问题。

三是探索区域环境综合执法。通过创新管理体制、赋予执法权限等方式，不断加强乡镇、开发区环境执法机构能力建设。比如，江阴市环保局在各乡镇派驻环境执法机构与人员，并将派驻机构与人员纳入乡镇综合执法，由乡镇政府负责日常考核管理。常熟市通过市政府赋权，将日常环境监管巡查和简易行政处罚事项赋予乡镇综合执法局，有效解决乡镇执法有责无权、与部门职责边界不清等问题。目前，设立环境保护监督管理机构的省级以上开发区有 113 家，占省级以上开发区的 91.1%，其中，采取派驻模式设立环保分局的占 52.2%，设有承担环保监管职责职能机构的占 47.8%。省级以上开发区共有环保执法监管人员 1500 余人，平均每个开发区 12.3 人。

## 二、存在的问题

经过前期改革探索，江苏省环境保护执法队伍建设取得很大进展，环保监管能力和水平得到提高，但与日益增加的工作任务相比，环境执法队伍和能力还存在一些不足。

一是职责边界仍需进一步明晰。基层反映，一些属于城管、市场监管等部门职责的工作，属地政府往往要求环保部门牵头负责，容易造成部门间职责不清。对省市部署的一些环保管理工作，落实到基层时，涉及现场工作也交由执法部门承担，容易造成执法与管理边界不清，分散有限的执法力量。

二是执法效率仍需进一步提高。根据环境保护法相关规定，环境执法机构行使的是环保部门委托的环境现场检查权，没有独立的环境执法权，不能以自己的名义实施行政处罚、行政强制等，在执法程序要求高、程序复杂、时间较长的情况下，部门内部协调沟通、法律文书流转又牵扯了大量的人力精力，导致环境执法效率不高。

三是人员力量仍需进一步充实。江苏省市县环保部门负责环境执法的人员编制3100余名，承担44万多家各类污染源（工业污染源41.9万家、规模化畜禽养殖场2.1万家）的监管工作，平均每人要监管120家以上。执法人员有时还会被当地政府抽调从事信访维稳、文明创建、驻村扶贫等阶段性中心工作。受追责力度加大等因素影响，部分基层执法单位出现人员流失现象。

## 三、下一步改革的建议

一是修改完善相关法律法规。针对环境执法机构的行政权力来自环保部门委托、法律效力较低的实际，建议国家层面尽快修改生态环保相关法律法规，依法赋予生态环保综合执法机构实施现场检查、行政处罚、行政强制的条件和手段。

二是推进部门内综合执法。《深化党和国家机构改革方案》在生态环境领域重点整合的是污染防治和环境保护职责。为合理界定各相关部门职责，建议将生态环境保护综合执法整合的范围聚焦于污染防治和环境保护方面，而不宜扩大到涉及生态保护所有领域。

三是创新执法监管方式。在推进综合执法的同时，依托现有资源，通过整合系统、共享资源和开发拓展，构建综合执法指挥平台，统一指挥调度执法力量，提升环保执法效能。推进网格化监管，在基层科学划分基本网格单位，整合设置包括环保监管在内的综合网格，开展日常巡查，及时采集上报信息，实现监管执法的有效衔接。

四是加强执法人才队伍建设。推动执法重心下移、执法力量下沉，市县机关精简人员重点充实执法一线力量。加强市、县级生态环保执法队伍建设，明确人员编制的配备标准。继续加强乡镇（街道）、开发区生态环保监管执法能力建设，配备与职责任务相适应的人员力量。

# 江西省生态环境监管体制改革实践

罗小璋①

2016年9月，中共中央办公厅、国务院办公厅印发了《关于省以下环保机构监测监察执法垂直管理制度改革试点工作的指导意见》。江西省坚持向创新要动力、向改革要活力，抢抓建设国家生态文明试验区的历史机遇，主动作为、先行先试。2017年12月，江西省印发环保机构监测监察执法垂直管理制度改革试点工作方案。目前，全省机构改革、环保机构监测监察执法垂直管理制度改革试点工作（以下简称“垂改工作”）、生态环境综合执法改革和流域监管体制改革等工作正在全力推进。

## 一、改革的主要做法

一是加强环保队伍建设。除落实中央指导意见关于对设区市环保局实

① 罗小璋：江西省生态环境厅副厅长。

行以省环保厅为主的双重管理的有关要求外，还细化和强化了对市县环保机构领导干部的管理制度，比如，县（市、区）环保局长的任免报省环保厅备案；设区市处级非领导职务由省环保厅党组直接审批任免；配强负责环境监测机构和环境执法机构的领导，将市县环境执法机构逐步纳入公益一类事业单位或行政序列管理，将市县环境监测机构逐步纳入公益一类事业单位管理。在改革中，增加市县环境监测监察执法人员编制，配优配强干部队伍。

二是建立监察督政体系。将市县两级环境监察职能上收，在省环保厅实行监察专员制度，计划在赣东、赣南、赣西、赣北、赣中设立5个区域环境监察办公室，对省有关部门、市县党委政府落实环保法律法规、环境质量责任落实等情况进行监督检查，根据环境监察情况采取约谈、挂牌督办、区域限批等措施，切实强化督政、压实责任，不断提升生态环境治理能力。

三是加强纪检监察工作。规定各设区市纪委向设区市环保局单独派驻纪检组，驻设区市环保局纪检组长任命事前需征得省环保厅党组同意，纪检组由设区市纪委直接领导、统一管理，向设区市纪委负责，同时接受省纪委驻省环境保护厅纪检组的业务指导和监督检查。

四是探索生态环境综合执法改革。结合“垂改工作”，在赣州市石城县、会昌县、安远县，抚州市宜黄县等地开展试点，为下一步推进生态环境综合执法进行了有益探索。主要有三种方式：

第一种方式：联席会议制度。石城县采取的就是这种方式。主要做法是：由森林公安牵头，建立由森林公安、国土、林业、环保等多部门参加的联席会议制度，定期或不定期召开联席会议，成立联合执法检查组，适时开展联合执法大检查，对破坏生态环境的违法违规行为由相关职能部门依法查处。同时，该县公安局与森林公安联合行文，将刑法规定的涉嫌污染环境等7类案件的刑事管辖权相对集中于县森林公安局具体实施。其优点：一是改革方式简单，不改变现有体制，人员也不集中办公；二是各部门按照各自的职责执法，执法与管理相统一，职责明晰，权责统一；三是森林公安参与执法，增加了执法的权威性。其缺点：一是联席会议制度组织较为松散，人员不固定，只有发生重大案件时才发挥作用，平时仍然是各自为政，多头执法；二是执法机构资源无法得到优化配置，执法形不成合力；三是协调难度较大，执法效率低。

第二种方式：成立联合执法队。会昌县、宜黄县采取的就是这种方式。主要做法是：以县森林公安局为主体，从环保、农业、水利、国土等部门抽调人员组成生态环境综合执法大队，人员分属原单位，集中办公，联合执法。执法方式采取委托执法方式进行，生态环境综合执法大队立案查处的案件，由执法大队提出处罚意见，再交给相关职能部门审查后盖章确认。其优点：一是执法人员集中办公，便于统一指挥、快速反应、联合行动；二是有利于优势互补，加强协调配合，避免多头执法；三是森林公安参与执法，增加了执法的威慑力。其缺点：一是联合执法机构是一个临时机构，给队伍管理带来一定困难，执法队伍稳定性较差；二是由于是委托执法，执法流程长，效率不高；三是组建生态环境综合执法大队后，相关职能部门还保留了执法职能，既没有对执法资源进行有效整合，也容易造成多头执法。

第三种方式：成立专门的生态环境执法局。安远县采取的就是这种方式。主要做法是：县政府成立专门的生态环境执法局，与县森林公安局合署办公，从相关部门选调在编人员充实到县生态环境执法局。该局行使森林采伐、水污染防治、河道管理、渔业保护、禽畜养殖、水土保持、土地管理、矿产资源开采八个方面的行政处罚权，并协助森林公安局查办破坏环境资源犯罪案件。其中，行政处罚权由有关行政主管部门委托该局实施，破坏环境资源案件刑事管辖权由县公安局指定县森林公安局行使。其优点：一是该机构为专门机构，人员稳定、集中办公、便于管理，办案效率大大提高；二是执法力量大大加强，整合后的执法机构既有行政执法机构的职能，又有公安机关的职能，人员编制得到加强，实现了优势互补，执法资源有效利用。其缺点：由于县政府无权对生态环境执法局授权执法，目前仍然实行的是委托执法模式。

## 二、存在的问题

一是县级环保机构上收为市环保局派出机构带来一些不利影响。一方面，县委县政府认为他们要对本行政区域生态环境质量负责，而生态环境职能部门又不归自己管，工作上不顺；另一方面，县级环保工作需要县委县政府在人力、财力、政策等方面给予大力支持，管理体制调整后，这种支持力度可能会减小。

二是压实环保主体责任存在一些变数。一方面，改革后，少数职能部门可能以“一件事由一个部门管”为借口，将环保责任都推给环保部门；另一方面，环保部门承担无限责任的格局没有发生明显变化，出现问题后，有的地方环保部门即使履职尽责了仍然被问责。

三是基层环保机构人员编制不足的问题难有很大的改观。一方面，由于历史原因环保部门起步晚、底子薄，编制基数低，基层环保部门对本次改革寄予厚望，希望能解决历史欠账问题；另一方面，地方政府打破现有的编制格局困难重重，加上体制发生变化，县级政府对增加环保部门编制积极性不高。

四是生态环境综合执法改革推进存在诸多困难。一方面，多年来生态环境执法有关部门之间缺乏协调，各自为政的观念根深蒂固。加之，管理和执法分开，改革涉及部门利益的调整，少数职能部门参与的积极性不高，如果没有顶层制度安排，整合难度较大。另一方面，由于体制发生变化，县级政府对生态环境综合执法队伍整合到环保部门积极性不高。

## 三、进一步改革的建议

第一，建议探索鼓励地方在符合中央精神基础上，对县级环保机构改革路子和模式进行探索，既加强对县级生态环境保护机构的垂直管理，又充分调动地方党委政府的积极性。

第二，建议坚决落实环境保护“党政同责、一岗双责”“管发展必须管环保、管生产必须管环保”的责任制，明确划分地方党委政府、有关职能部门和环保部门在环境保护中的责任清单，做到责权相一致。

第三，建议重视环保部门人员编制方面的历史欠账问题，加大协调保障力度，对省以下环保机构在人员、编制保障政策上给予倾斜，充实基层环保力量。

第四，建议省级层面成立生态环境执法机构，县级层面不搞“局队合一”，而是“局队分设”；将林业公安整合到生态环境综合执法队伍，打造生态环境警察。

# 第四部分

# 应对气候变化管理体制

# 中国积极应对气候变化的政策与进展

孙　桢[①]

2018 年是改革开放 40 周年，是中国环保事业获得前所未有大踏步前进的里程碑之年。习近平总书记指出，要实施积极应对气候变化国家战略，这既是对我国一直以来气候政策及其实践的概括，也是对未来气候政策方向的阐述。积极的气候战略必然会对管理体制提出新的要求。本文拟从理念、目标、管理、政策、试点宣教几个方面进行探讨。

## 一、理念

全球气候治理主要依靠科学和法律，1988 年联合国环境规划署和世界气象组织成立了联合国政府间气候变化专门委员会（IPCC），开启气候

① 孙桢：生态环境部应对气候变化司副司长。

变化的国际合作；1992 年通过《联合国气候变化框架公约》，这是世界上第一个全面控制二氧化碳等温室气体排放以应对气候变化的公约，为气候治理的国际合作奠定了法律基础。科学为法律提供依据，同时国际法保护科学知识不受诋毁。中国政府已经认识到我国最容易受到气候变化的威胁，我国的气候变化意识普及程度也在逐步提升。

历次的五年规划都把应对气候变化放在资源环境、绿色发展、生态文明建设的有关篇章，“十二五”规划单设了应对气候变化一章。2018 年的党和国家机构改革，赋予新组建的生态环境部应对气候变化职责，这表明政府认识到气候问题是一个环境问题，而且是要落地、要执行、要努力解决的问题。

中国积极应对气候变化的指导思想是习近平生态文明思想和习近平外交思想。积极应对气候变化是我们实现可持续发展的内在要求。习近平总书记提出，应对气候变化是我们自己要做，不是别人要我们做。应对气候变化是构建人类命运共同体的重要内容。

中国一直在积极推进应对气候变化的立法工作，把这些先进的理念、正确的指导思想牢固树立起来，把各项基本制度建立起来。

## 二、目标

2009 年 11 月，在哥本哈根世界气候大会上，中国政府宣布，到 2020 年我国碳强度比 2005 年下降 40%—45%。这是我国应对气候变化的一项重要举措，将对宏观经济产生重要影响。2015 年，提出 2030 年左右二氧化碳排放达到峰值并争取尽早达峰等国家自主贡献目标。这些都是非常积极的目标。在实际执行中，全社会都付出了极大的努力。2017 年碳强度比 2005 年下降约 46%，提前三年完成了 2020 年碳排放下降的目标。目前正在研究到21世纪中叶的长期低碳发展战略，其中目标是一个核心问题。

《巴黎协定》确定了到21世纪末全球平均气温上升幅度控制在2℃之内的目标，这对各国长期低排放发展战略提出了要求，也意味着各国在气候变化领域设定的目标都将远远超前于国民经济其他领域，低碳发展将引领能源革命、引领绿色发展。要做到这一点，低碳目标应当更加积极，而不能跟在能源转型后面。《巴黎协定》还制定了一个目标递进的盘点机制，因此各国的目标将承受国际压力，这也要求我们在力所能及的范围内提出相对积极的目标。

## 三、管理

制定气候行动目标需要国家层面强有力的协调机制。落实气候目标需要有效的实施机制。中国应对气候变化事业始终是在党中央关心、支持和领导下推进的。习近平等党和国家领导人进行重大决策，亲自参与重大国际活动，发挥了重要影响力。国家应对气候变化及节能减排工作领导小组由国务院总理担任组长，国务院有关领导和各部部长作为成员。生态环境部是牵头负责部门，其他各有关部门按职责承担相应工作。国家气候变化专家委员会由各学科、各领域资深专家组成。地方政府将按照党和国家机构改革方案落实应对气候变化的工作机构，下一步要做好地方机构的人员培训，尽快形成更加强大的工作能力。另外，我国许多企业也设立了碳资产管理部门。

## 四、政策

我国应对气候变化的政策内容十分丰富。从广义上讲，包括经济社会发展的宏观政策以及节能、提高能效、发展清洁能源、发展非化石能源的政策。具体到应对气候变化牵头部门直接实施的政策，也在不断发展和完善。国家通过五年规划和年度计划，将碳强度下降目标分解到各省、自治区、直辖市，并且对目标完成情况和工作措施推进情况进行严格考核，将考核结果向社会公布。国家建立了应对气候变化统计制度，重点企业需提交温室气体排放报告，国家编制温室气体排放清单要求按公约规定义务提交。国家发布先进适用的低碳技术目录，推动低碳产品认证，通过“放管服”改革，促进低碳经济体系的完善和发展。低碳试点包括省、市、城市新区、工业园区、社区碳市场试点等不同类型，试点经验及时总结形成国家政策，比如全国碳市场。相比其他环境问题的政策工具箱可以看到，应对气候变化领域存在一些政策缺项，比如直接在温室气体控排项下的投融资，面向排放源的管控措施如许可证等。当然随着时间的推进，我国应对气候变化政策体系将会更加完整、更为有效。

## 五、试点宣教

国家 2013 年设立了全国低碳日，起到很好的效果。今后还要做好常态化的宣教工作。每年的联合国气候大会，中国代表团都设立中国角。我们以积极和开放的态度对外交流，一方面介绍中国的成绩，使我们更有信心，做得更好；另一方面通过互动推进各方积极采取行动，共同保护地球家园。

# 建设碳排放权交易市场　推进低碳发展转型

马爱民①

气候变化是21世纪人类面临的最大挑战之一，能否有效应对气候变化，关系到人类未来的生存和发展。中国政府实施积极的应对气候变化战略，已采取了一系列重要政策措施。其中，2017年12月宣布正式启动全国碳排放权交易市场建设，就是我国应对气候变化的重大举措，彰显了我国对外信守国际承诺、对内推动低碳发展的决心，对未来一个时期控制温室气体排放工作具有深远意义。

## 一、低碳发展是积极应对气候变化、推动高质量发展的必然选择

（一）低碳发展是全球发展的新趋势。自1992年6月《联合国气候变

① 马爱民：国家应对气候变化战略研究和国际合作中心副主任。

化框架公约》向各国开放签署以来，我们享受了公约生效的喜悦，经历了议定书实施的艰辛，遭遇了哥本哈根的挫折，见证了《巴黎协定》的诞生。《巴黎协定》提出要将全球平均气温升幅控制在2℃之内，并将全球气温升幅控制在前工业化时期水平之上1.5℃以内。为此，许多国家都在研究提出长期温室气体低排放战略，推动低碳发展，并将此作为抢占未来发展制高点的重要契机。

（二）我国长期的粗放型增长方式不可持续。在经历了30多年的经济快速增长之后，中国经济发展进入新常态，主要表现为经济发展速度放缓、结构性失衡、传统发展动能衰减、资源环境承载力下降等多个方面。这表明，我国长期以来高资源消耗、高能源消耗、高污染、高排放的粗放型增长方式已经难以为继，资源和环境问题日益成为进一步发展的瓶颈，必须开拓新的发展路径，加快转变经济发展方式，创新培育发展新动能，为长期发展注入新动力。

（三）推动经济高质量发展要求经济社会向低碳发展转型。针对新形势下的发展问题，“十三五”规划纲要提出了“创新、协调、绿色、开放、共享”的新发展理念，倡导绿色发展、循环发展、低碳发展的道路。因此，实施低碳发展战略，通过经济发展、能源生产和消费以及生活模式的低碳转型，在追求经济社会发展的同时实现控制温室气体排放目标，是未来发展的必然选择。低碳发展，不仅是控制温室气体排放的途径和手段，更是一种新的发展模式。

## 二、推动低碳发展需要有效的政策工具

（一）实现控制温室气体排放目标需要政策工具支持。2009年我国确定了2020年温室气体排放控制目标，即单位国内生产总值的二氧化碳排

放要比 2005 年降低 40%—45%，2015 年我国又向国际社会庄严承诺，到 2030 年前后，二氧化碳排放达到峰值并争取尽早达峰，单位国内生产总值二氧化碳排放比 2005 年下降 60%—65%。我国也制定了《国家应对气候变化规划（2014—2020 年）》（2014 年）和《“十三五”控制温室气体排放工作方案》（2016 年），提出了各个领域的相关目标任务。

为了推动低碳发展，实现相关目标，需要认真研究低碳发展的战略规划、遵循的技术路径以及可行的政策措施，特别是设计既能有效减缓温室气体排放，又能激励经济发展的双赢政策工具。

（二）选择政策工具需要创新观念。在控制温室气体排放方面，我们有多种政策工具可以选择。有“命令—控制”型的强制性政策，如强制性标准等，效果明显，但社会或经济代价可能较大；有引导鼓励性政策，如指导性的标准、自愿减排协议等，社会易于接受，但效果并不确定；有基于市场的政策，如碳税和碳交易，可以灵活运用，社会成本较低，但效果有赖于制度设计的合理性及市场机制是否完善。不同的政策工具各有优缺点，需要根据问题和条件加以选择。

二氧化碳排放主要由经济活动产生，企业是控制二氧化碳排放的主要责任者。在实施低碳发展战略的过程中，企业最担心的是，控制二氧化碳的要求会增加运营成本，从而削弱市场竞争力，影响长远发展。因此，要落实低碳发展战略，就需要在政策制定中充分考虑企业的关注，不仅要给企业以控制温室气体排放的压力，也要为其提供采取措施的动力。传统的“命令—控制”型政策，往往很难兼顾这两方面的要求，因而需要创新制度。随着相关改革的不断深入，如何发挥市场对资源配置的决定性作用，如何更好地应用市场机制，如碳排放权交易等，成为我们面临的新课题。

（三）市场机制可以成为控制温室气体排放的有效工具。在应对全球气候变化的背景下，温室气体排放空间将成为稀缺资源，而不同行业、不同企业间的减排成本存在差异，这就为开展企业间碳排放权交易提供了基础。可以充分发挥市场机制的作用，通过以有偿或无偿的方式向企业发放排放配额，允许企业交易其获得的配额，并在条件成熟时开发相关金融衍生品，既可以为企业提供低成本控制温室气体排放的机会，也能通过促进生产要素的合理流动推动经济发展。

## 三、国际、国内实践证明碳市场是行之有效的政策工具

（一）国际社会实践提供了有益的借鉴。实际上，碳定价已经成为国际社会普遍应用的政策工具。截至 2016 年 5 月，各方向联合国气候变化框架公约提交了 162 份国家自主决定文件，代表了 190 个缔约方。其中，超过 90 个国家的自主决定文件包括了采用碳交易、碳税或其他碳定价措施，计划或考虑使用市场手段的缔约方占全球排放量的 61%。在碳定价措施中，以碳交易市场更为常见。据统计，在全球范围内，已有 20 多个区域碳市场在运行，覆盖全球碳排放总量的 15%左右，还有多个区域碳市场正在计划中。

最早建立的欧盟碳排放交易体系于 2005 年正式启动，历经三个阶段，覆盖多个行业部门，是当前规模最大的碳排放交易市场。此后，美国先后建立了美国区域温室气体行动、美国西部气候倡议、美国加州排放权交易体系等区域性碳交易市场。日本东京于 2011 年设立了地方性总量控制与交易体系。韩国于 2015 年启动全国碳交易市场。其他一些国家，如加拿大、瑞士、新西兰、哈萨克斯坦、墨西哥等也纷纷筹建自己的碳排放交易市场。

纵观世界各地已经建立起来的碳市场，既有跨国市场(如欧盟碳市场、美国加州—加拿大魁北克和安大略省市场)，也有全国范围的市场（如新西兰、韩国)，还有区域性、地方性市场（如东京)。从覆盖的领域看，既

有如欧盟覆盖多个行业、韩国覆盖多种温室气体这样的综合性碳市场，也有美国区域温室气体行动那样启动之初只对单一电力行业二氧化碳排放进行管控的市场。

国际碳市场的实践不仅发展了排放交易理论，而且降低了实现既定温室气体排放目标的总成本，推动了低碳技术、低碳产业的进步。当然，国际碳市场建设并非一帆风顺，也出现了一些问题和困难。如欧盟碳市场由于第一阶段发放了过多配额，导致配额市场价格的暴跌，甚至一度跌到 1 欧元以下，价格的波动影响到市场的信心，不利于企业的投资决策。然而，这并非不可克服的困难，近期欧盟对碳排放权交易的改革已经使得碳价有了较大提升，从 2017 年 5 月的每吨 4.38 欧元提高到 2018 年 8 月的每吨 18.28 欧元，这一方面警示要注意碳市场建设中的风险，同时也说明可以通过合理的制度设计规避风险。

（二）国内碳交易试点探索了宝贵经验。2011 年以来，我国在北京、上海、天津、广东、重庆、湖北和深圳等七个省（直辖市）区，部署开展了碳排放权交易试点工作。这些试点地区开展了大量的探索性工作，制定了规范碳排放权交易市场的地方性法规和政府规章，为碳市场交易提供了法律依据；建立了专门的工作机制和专业队伍，为开展工作提供了保障；明确了试点市场的覆盖范围，包括温室气体种类、行业、纳入企业门槛，确定了配额总量设定和配额分配的方法，开发了碳排放配额、核证自愿减排量、碳远期、碳期权、碳掉期、碳债券、碳质押 / 碳抵押、碳信托等多种交易产品，完善了纳入企业温室气体排放核算、报告、核查体系，加强了履约管理，建设了交易平台等基础设施，开展了大量针对政府官员、技术支撑机构和企业的能力建设活动。

目前，七个试点地区的碳市场，覆盖了电力、钢铁、建材、有色、化工等碳排放量较大的工业部门，以及服务业、建筑、民航等领域近 3000 家重点碳排放单位，累积碳排放成交量超过 2.5 亿吨，累积成交金额超过

55亿元。在试点覆盖范围内，不仅碳排放强度持续下降，而且碳排放总量也在减少，表明碳排放权交易市场对促进相关地区和行业的降碳发挥了积极作用。

经过几年的摸索，碳交易试点地区初步形成了政策和交易体系，通过碳价向全社会特别是企业界发出了控制温室气体排放的清晰信号，提高了企业控制温室气体排放、低碳发展的意识，培养了一批熟悉碳市场的管理和专业技术人员。更重要的是，通过碳交易试点，在碳市场的顶层设计和实际操作两个方面获得了宝贵的经验，为建立全国碳排放权交易市场奠定了基础。

## 四、全国碳排放权交易体系建设的进展和展望

（一）全国碳市场建设的进展。近年来，在不断深化地方碳交易试点的同时，有关部门一直持续推进全国碳市场建设的基础工作。印发了《碳排放权交易管理暂行办法》，研究起草了《碳排放权交易管理条例（送审稿）》，分批制定了24个行业企业碳排放核算报告指南和11个行业企业碳排放核算国家标准，研究实施重点排放企业碳排放报告制度，开展了对电力、石化、化工、建材、钢铁、有色、造纸、航空等重点排放行业数千家重点企业的碳排放历史数据报告与核查，研究提出不同行业的碳配额分配方法，并组织对发电、水泥、有色等行业在部分省市的碳配额试算工作。2017年，根据建设全国统一碳市场的需要，重点组织了相关基础设施的设计和建设工作，研究全国碳排放权交易注册登记系统和交易系统的设计实施方案，确定两大系统的承建单位，全国各试点地区还纷纷组建了碳市场能力建设中心，开展了培训活动，为正式启动全国碳排放权交易市场建设奠定了基础。

（二）未来一个阶段的工作重点。2017 年 12 月，《全国碳排放权交易市场建设方案（发电行业）》正式印发，标志着我国碳市场建设进入新的阶段。未来全国碳排放权交易市场建设任重道远，要从形成完善的制度体系、建设完备的基础设施、培育良好的执行能力、实施严格的监督管理等方面入手，按照先易后难、分步实施的原则，逐步完善并扩大全国碳市场服务范围。

一是推动全国碳市场法规和制度体系建设，为碳市场提供良好的制度环境。尽快推动出台全国碳排放权交易管理条例，完善碳配额管理制度、碳排放监测报告和核查制度、市场交易制度三大核心制度，抓紧开展企业碳排放报告管理办法、核查机构管理办法等配套制度建设。

二是加快完成基础设施建设，为碳市场提供可靠的硬件条件。企业碳排放数据报送系统、碳排放权交易注册登记系统、碳排放权交易系统、碳排放权交易结算系统等是开展碳排放权交易的基础条件，也是前提条件，需要各方联合协作共同建设。

三是实施重点单位温室气体排放报告、核查，不断提高数据质量。数据质量是碳市场成功与否的关键之一，必须建立有效的数据管理体系，制定科学的技术规范，培养合格的专业队伍，确保排放数据的可靠性、准确性。

四是强化培训活动，增强相关各方的参与能力。碳市场建设和运行涉及中央和地方政府有关部门、企业、技术咨询机构、交易平台等，需要通过各类培训研讨活动，提高各方参与碳市场的意识，增强参与能力。

五是协调相关领域政策。控制温室排放工作与节能和可再生能源等领域在管理范围、目标设定、政策实施等方面存在紧密关联，需要完善设计，加强协调，避免政策冲突，发挥政策合力。

（三）碳市场建设运行相关各方的角色与任务。由于未来全国碳排放权交易市场覆盖范围更广，市场规模更大，参与主体更多，对于国家和地方主管部门、第三方认证机构、参与碳排放权交易的企业以及交易机构，既是机遇，也是挑战。

对于国家主管和省级政府部门，要科学决策、制定规则，加强市场监管。全国碳交易市场将是全球第一大交易市场，市场治理的难度必然更大，对科学立法、严格执法的要求更为迫切。建议尽早出台全国碳排放权交易管理条例，制定发布相关实施细则。加强依法行政，特别是对违规行为的处罚，确保市场有序、健康发展。

企业作为市场主体面临双重考验，一方面要求提高管理碳排放的能力，履行控制排放义务，实施减排活动、编报排放信息、制定监测计划等；另一方面要加强碳资产管理能力，管理好、使用好碳资产。

对第三方核查认证机构而言，必须按照规定对企业碳排放进行核查，保障核查过程中的公平、公正。对第三方核查机构的监管，应该是政府部门市场监管的重大职责之一。

对交易平台而言，其面临的主要考验是对交易活动的日常一线监管，确保市场交易是在公平的环境下进行，需要加强对交易活动的风险控制和对会员以及交易所工作人员的监督管理。

# 全球气候治理变革与我国气候治理制度建设

何建坤 ①

《巴黎协定》确立了全球合作应对气候变化的新机制。但是《巴黎协定》的全面有效落实和实施仍面临着严峻挑战，我国也在积极推进《巴黎协定》实施细则的谈判，推动全球气候治理和合作进程。此外，地方积极推进能源革命和经济发展方式的低碳转型。加强应对气候变化的制度建设。

## 一、以习近平生态文明思想为指导，推进全球气候治理制度改革与建设

《巴黎协定》对全球2020年后应对气候变化进程做了制度性安排，制

① 何建坤：清华大学教授。

定了控制全球平均气温上升幅度不超过2℃并努力控制在前工业化时期水平之上1.5℃的目标，确立了以各国“自下而上”自主贡献的以自愿行动为基础的减排机制，并要求各国增加透明度，不断增大和定期更新减排力度，同时每5年进行一次全球盘点，为全球各国强化行动提供信息，促进和激励各国不断提高减排目标。

当前，全面落实和实施《巴黎协定》仍是一项艰巨任务。一方面，各国自主减排承诺与实现控制2℃温升的减排路径仍有较大差距，实现2℃目标，2030年全球温室气体排放量需从当前500亿$tCO_2e$（每吨二氧化碳当量）下降到400亿$tCO_2e$，但按各国承诺目标，仍将增加到550亿$tCO_2e$，存在较大减排缺口。另一方面，在《巴黎协定》有关适应、减缓、资金、技术、能力建设和透明度各要素实施细则谈判中，如何全面、均衡和有效地落实和体现《联合国气候变化框架公约》和《巴黎协定》中确立的共同但有区别的责任原则、公平原则和各自能力原则，发展中国家和发达国家存在较大分歧，仍是谈判的关键和焦点。

全球气候治理是以《联合国气候变化框架公约》为指导，各缔约方广泛参与、协商一致的机制。没有哪个国家可以主宰谈判的进程和结果，但需要有影响力的大国发挥协调和引领作用。气候变化领域的引领作用表现在对各缔约方立场和利益诉求的协调能力，在寻求全球目标与各方立场的契合点以及各方利益诉求的平衡点上展现出影响力、感召力和塑造力，从而促成各方均可接受的共识和行动方案，引导全球气候治理的规则制定以及合作进程的走向和节奏，从而提升国家形象和领导力，并更好地维护和扩展自身国家利益，体现国家的软实力。中国在全球气候治理中发挥领导和引领作用，并不意味着要作出超越国情、发展阶段和自身能力的贡献，而是要正确把握和引领全球气候治理的原则和走向，引导公平公正的国际治理制度变革和建设，进而更好地维护中国及广大发展中国家的合理权益。

习近平生态文明思想倡导人与自然和谐共生，倡导绿色低碳循环可持续发展的生产方式和生活方式，是我国推动生态文明、建设美丽中国的指导方针，而且对全球应对气候变化、保护地球生态安全、实现人类社会可持续发展具有重要指导意义。习近平同志提出，共谋全球生态文明建设，深度参与全球环境治理，形成世界环境保护和可持续发展的解决方案，引导应对气候变化的国际合作，也是我国推进全球气候治理体系变革和建设的基本理念和指导思想。党的十九大报告中强调中国新时代坚持和平发展道路，推动构建人类命运共同体，秉持共商、共建、共享的全球治理观，积极参与全球治理体系改革和建设，不断贡献中国智慧和力量。报告也强调中国坚持环境友好，合作应对气候变化，保护人类赖以生存的家园，为全球生态安全作出贡献。习近平全球生态文明思想和构建人类命运共同体的理念是我国对全球环境治理贡献的中国智慧和中国方案。我国倡导相互尊重、公平正义、合作共赢的全球治理新理念，把应对气候变化作为各国可持续发展的机遇，促进各方互惠合作、共同发展。这有利于扩展各国自愿合作的领域和空间，扩大各方利益的交汇点，促进气候谈判由“零和博弈”转向合作共赢。合作应对气候变化是各国一致的共同利益取向，比其他政治、经济、社会等领域的全球性风险和地区热点问题有更多的利益交汇点和合作共赢空间，存在广阔的合作前景和政治意愿。应对气候变化领域为我国在全球治理改革和建设中发挥国际领导力提供了舞台，可努力将其成为践行新时代构建相互尊重、公平正义、合作共赢的国际关系，打造人类命运共同体的先行领域。

## 二、实施应对气候变化国家战略，不断强化制度建设和政策保障

我国实施应对气候变化国家战略，将节能减碳纳入国家经济和社会

发展规划。“十一五”开始制定单位GDP能源强度下降的约束性指标，“十二五”又增加GDP的$CO_2$排放强度下降指标，“十三五”进一步增加能源消费总量控制目标，并将这些指标分解到各省、自治区、直辖市，强化各级政府的目标责任制。同时制定一系列财税金融政策体系，以政府规制性措施促进应对气候变化战略的实施。我国在《巴黎协定》确定的目标的基础上又提出到2030年单位GDP的$CO_2$排放强度比2005年下降60%—65%，以及到2030年左右$CO_2$排放达峰的自主贡献目标，并以积极紧迫的减排目标为导向，强化节能减碳的政策措施，推进能源和经济的低碳转型。到2017年年底，我国单位GDP的$CO_2$强度已比2005年下降45%，提前3年实现我国对国际社会承诺的到2020年下降40%—45%的目标。按目前趋势，到2020年可下降50%以上，为实现2030年国家自主贡献目标奠定基础。

我国也在积极探索和实践促进$CO_2$减排和低碳发展的市场机制。建立和发展碳排放权交易市场，是我国促进经济发展方式低碳转型和能源体系革命的重要制度建设。在“十二五”期间开展的“五市二省”碳排放权交易试点取得积极成效的基础上，2017年开始启动全国统一碳市场。碳排放权交易市场是政府主导下实现国家减排目标的强制性市场机制设计，是把碳排放空间作为紧缺资源管理，促进其高效利用的政策手段，其核心是促进减排。排放配额总量确定要保证国家减排目标的实现，对企业排放配额分配要体现国家产业政策，促进经济转型和产业升级。碳市场明确的碳价信号可促进企业采取节能降碳技术和措施，引导社会投资导向，促进产业转型升级。碳排放权交易市场发展过程中建立的碳排放统计、上报、监测和核查体系，也是实现低碳发展基础的制度建设，并适应在《巴黎协定》下全球盘点和透明度的要求。

全国统一碳市场将涵盖石化、化工、建材、钢铁、有色、造纸、电力、航空等重点排放行业，约占全国$CO_2$排放量的一半。当前，首先从电力行业启动，要积极创造条件，尽快将覆盖范围扩展到所有高耗能产业。要不断加强和完善碳排放交易体系制度建设，包括注册登记系统和交易系统管理平台建设，碳排放报告、监测和核查体系建设，不断改进和完善碳排放额度分配和管理制度，保证碳市场的健康发展。

## 三、新时代强化经济、能源、环境和应对气候变化的协同治理，推动并引领全球能源和经济的低碳转型

应对气候变化与经济社会发展密切相关，相互影响。应对战略和行动与国内可持续发展和环境保护目标又有一致性，要强化政策措施上的协同效应，统筹部署和行动。2020 年前决胜全面建成小康社会，结合打好污染防治攻坚战，建设美丽中国的目标和行动，进一步强化低碳转型的目标导向和协同对策。结合雾霾治理，终端用能以电替代煤炭和石油，从源头上控制常规污染物的排放，同时也减少 $CO_2$ 排放，促进可再生电力发展。我国要以碳市场建设为核心，统筹“能源消费总量控制”和企业“用能权交易”，逐步实施“碳排放总量控制”，取得双赢效果。

2020—2035 年要与新时代社会主义现代化建设第一阶段目标相契合，积极参与全球环境治理，落实减排承诺。把改善环境质量与减排 $CO_2$ 统筹协调，在实现生态环境根本好转、美丽中国建设目标基本实现的同时，落实和强化《巴黎协定》中国家自主贡献目标的承诺，争取 $CO_2$ 排放早日达峰。2035—2050 年要以新时代社会主义现代化建设第二阶段目标为指引，引领全球能源与经济的低碳化变革，为全球生态安全作出新的重大贡献。在建成社会主义现代化强国，综合国力和国际影响力世界领先的同时，全面形成绿色发展方式和生活方式，实现人与自然和谐共生，建成美丽中国。到 21 世纪中叶以后，尽快建成以新能源和可再生能源为主体的

近零碳排放的可持续能源体系，适应全球2℃目标下减排路径，实现建设社会主义现代化强国目标与全球生态安全目标的协调统一，推动并引领全球走上气候适宜型低碳经济发展路径，为保护地球生态安全和人类发展作出贡献。

当前，要以习近平生态文明思想为指导，不断强化应对气候变化的国内战略目标和政策导向。习近平同志提出的人与自然和谐共生、绿水青山就是金山银山、良好的生态环境是普惠的民生福祉，用最严格制度和最严密法制保护生态环境，以及全面推动绿色发展，有效防范生态环境风险等思想，对应对气候变化制度建设具有重要指导意义。应对气候变化制度建设是生态文明制度建设的重要内容和关键着力点，是建立人与自然和谐共生现代化的重要制度保证，要将其作为我国现代化管理制度建设的重要内容，纳入我国“五位一体”现代化制度建设之中。

当前，我国要不断强化和完善应对气候变化战略规划和制度建设。研究确定2035年和2050年应对气候变化和低碳发展的目标和路径；加快应对气候变化的立法；结合碳市场建设，建立健全全国温室气体排放和减排的上报、监测和核查体系；强化企业和产品的碳排放标准和市场准入政策；发展和完善绿色金融和财税政策保障体系；建立与我国现代化制度体系相适应的应对气候变化制度和机制。

# 国际应对气候变化的趋势及管理体制经验

艾弗森（Knut H. Alfsen）①

目前，各国政府都在努力进行气候治理改革，尽可能减少碳排放。政府采用的政策工具通常有直接监管和经济手段，比如碳排放交易，但实际上这些政策工具的效果并不是很理想。因为，从全球的碳排放数据看，总量仍在不断上升，而且二氧化碳在大气中的浓度也在不断上升。因此，我们应对气候变化的压力很大，在某种程度上甚至要放缓经济发展的速度来减少二氧化碳的排放。当然，我们很难做到完全消除碳排放。

图 1 是一个宏观认识的视角，可以解释碳排放减少取得积极成效的原因。在 20 世纪 70 年代，人们对气候变化问题尚未有清晰的认识。到了 20 世纪 80 年代，1988 年在加拿大多伦多召开了主题为“变化中的大气：全球安全的含义”的大会后，国际社会才真正意识到对气候变化问题进行政治回应的必要性和迫切性。撒切尔夫人及其他一些国家的首脑，开始提出设立气候变化的控制目标，包括二氧化碳减排，一些国家也开始积极采

① 艾弗森：挪威国际气候与环境研究所原所长、国合会特邀顾问。

取行动，在此之前的 5 年和 10 年时间中，科学家也开始意识到了二氧化碳排放带来的严重问题。当时，全人类拥有一个非常好的机会或者窗口期来解决气候变化问题，如果我们能够严格遵循 1988 年加拿大多伦多会议所作出的政治承诺，就不会有后面如此多的问题。之后在20世纪90年代，1992 年召开了里约会议，通过了《联合国气候变化框架公约》，这为国际社会在应对气候变化问题上进行国际合作提供了基本框架。1997 年签订《京都议定书》，但一些成员国，如美国、加拿大又先后退出。2009 年召开哥本哈根世界气候大会，商讨《京都议定书》一期承诺到期后的后续方案，即 2012—2020 年全球减排协议。2015 年巴黎气候变化大会上通过了《巴黎协定》。该协定为 2020 年后全球应对气候变化行动做出安排，其主要目标是将 21 世纪全球平均气温上升幅度控制在 2℃以内，并将全球气温上升控制在前工业化时期水平之上的 1.5℃以内。《巴黎协定》是一个亮点，但从整体趋势看，是在气候变化的曲线当中。因此我们所剩的时间已经越来越少，越来越多的二氧化碳排放到空气当中，随着时间的推移，这个问题也越来越难解决。《巴黎协定》之后将去向何方，才能实现零排放目标？

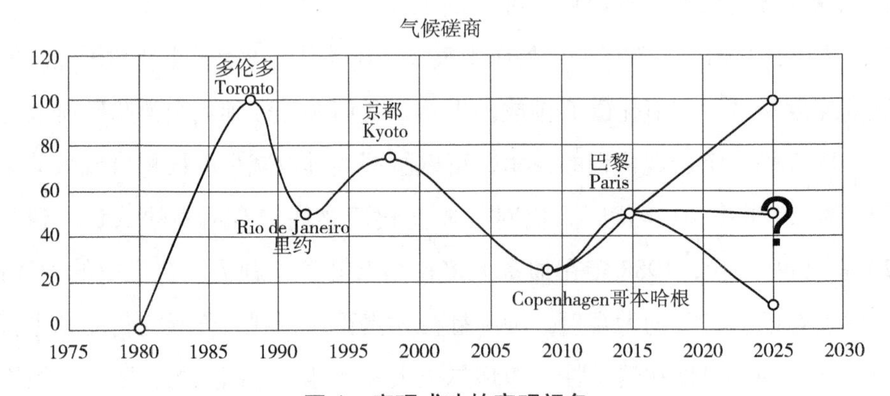


**图 1　实现成功的宏观视角**

图 2 解释了我为什么对宏观零排放目标比较悲观。从 20 世纪 80 年代到今天，碳排放在不断增长，要实现《巴黎协定》中 2℃温升控制的目标，

要有66%以上的成功率必须是这样一条曲线，如果说从20世纪八九十年代就能采取正确的行动，现在还是有一些希望的，但是如果是从现在开始，我们就必须要非常快地进行减排，才能实现目标。如果现在还不采取措施的话，就不可能实现目标了，这是我们面临的现实。

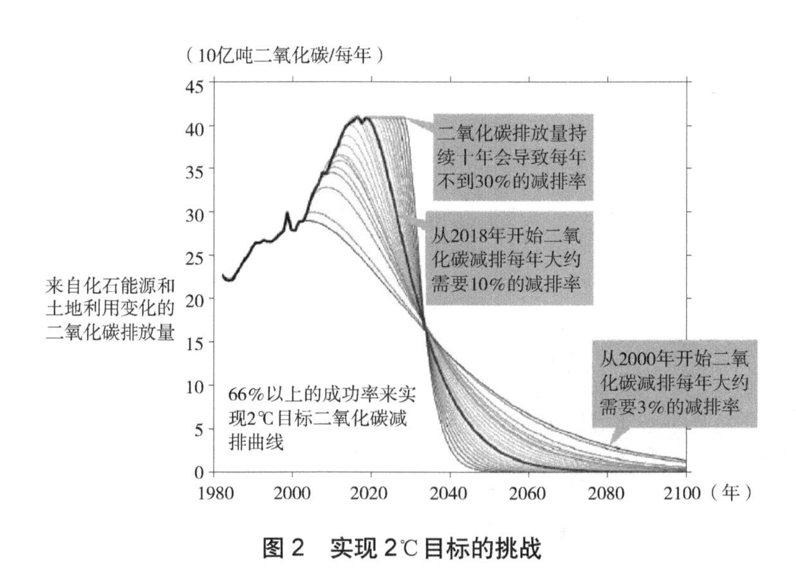


**图2　实现2℃目标的挑战**

一些国家作出了政治承诺，一些国家宣布退出了《巴黎协定》。气候变化的问题应该以超越政治的视角去看待。一些企业现在已经意识到如果不阻止气候变化，他们将面临金融风险。沃尔玛就承诺要减排二氧化碳两千万吨。一些城市也开始行动，如旧金山愿意为碳减排作出更多的贡献。金融机构也可以作出贡献，过去几年绿色债券发展很快。金融企业也愿意促进绿色金融的发展，而政府就是要对绿色金融发展给予支持。这些不同主体的努力已经超越了主体界限，给我们带来了一线希望。除了政治手段外，我们还需要更多的努力，政府必须更加专注，作出更多有针对性的努力。

因此，从政治的角度来看，我觉得可能会越来越困难，这是比较悲观的，但同时也有乐观的一面，公民及各类主体现在已经越来越活跃了，他们将发挥更大的作用。

# 镇江低碳城市建设的探索实践

裔玉乾①

近年来，江苏省镇江市深入贯彻落实习近平生态文明思想，始终践行“绿水青山就是金山银山”理念，大力推进低碳城市建设。2001年，围绕镇江“城市山林”和大江风貌，提出做好“显山露水·透绿现蓝”文章；2004年，确立“生态领先、特色发展”目标定位，编制《镇江生态市建设规划纲要》；2012年，被国家发展改革委批准成为全国第二批低碳试点城市。为推进低碳发展，镇江市在治理体系和治理能力上展开积极探索。

## 一、低碳城市建设治理体系的探索

一是加强组织领导体系建设。成立生态文明（低碳城市）建设领导小

① 裔玉乾：江苏省镇江市委常委、常务副市长。

组，市委书记担任第一组长，市长任组长；设立市—县—乡三级低碳办，各级政府（管委会）负责人挂帅，明确各层各级责任分工。政府、企业、群众，各层各级各单位、各行各业，全面参与低碳城市建设。常态化开展“低碳生活进我家”活动，积极营造“人人参与·共享低碳”的良好氛围，形成“低碳镇江·我有责任”的社会共识。

二是突出规划引领体系建设。2013 年出台《镇江市主体功能区规划》，将全市划分为优化开发、重点开发、适度开发、生态平衡四大区域，落实到县区、乡镇、街道；出台生态文明建设、低碳城市发展、长江岸线保护、制造业转型升级发展、现代服务业发展、城市管理发展等规划。着力打造高端装备制造、新材料两个千亿级支柱产业，培育壮大新能源、信息技术、生物医药三大新兴产业，传承发展眼镜、香醋、木业等传统产业。以规划引领低碳发展，以产业升级减少碳排放。

三是强化督查考核体系建设。建立镇江市绿色发展评价机制，每月检查、每季度督查、每年评价；建立镇江市生态文明和低碳城市考核目标体系，五年一考核。从 2014 年起，以县域为单位，对所属 8 个所辖市区实施碳排放总量和强度双控考核；2018 年，生态文明类指标数量占各地年度绩效考核指标总数的 50%，权重为 35%，数量和权重得到大幅提升。

## 二、低碳城市建设治理能力的实践

一是项目化推进。从 2013 年起，每年制定《镇江市低碳城市建设工作计划》，全面实施优化空间布局、发展低碳产业、构建低碳生产模式、碳汇建设、低碳建筑、低碳能源、低碳交通、低碳能力建设、构建低碳生活方式九大行动，将目标落实到具体项目，明确完成时间和责任单位，确保可量化、可考核、见实效。5 年来，累计实施低碳项目 700 多个，总投资650亿元；实施大气治理重点项目640个，总投资近30亿元；实施海绵城市建设项目150多个，总投资40亿元；实施水污染防治重点项目760多个，总投资110亿元。

二是市场化运作。在确保生态文明建设财政资金稳定增长的同时，探索建立多元化生态投入回报机制，为低碳城市建设提供资金保障。比如，镇江市北部滨水区建设，2006年以来，对61.6平方公里北部沿江临水区域进行整治，建成8.8平方公里金山湖优质水面，形成29平方公里可开发规划建设用地，土地价值大幅提升。旅游收入和周边土地出让收入，为后续环境治理提供了支撑。

三是智能化管理。建成城市碳排放核算与管理“云平台”，努力实现低碳城市建设的系统化、信息化、智能化管理。对占全市工业碳排放80%、全市碳排放60%以上的51家重点能耗企业实现在线监测，精确掌握每家企业碳排放数据；对全市39个工业行业进行梳理，核算出各行业碳排放量，确定鼓励类、限制类、淘汰类的产业名录；对新上、改扩建项目实施碳评估制度，测算项目的碳排放总量、碳排放强度以及降碳量等指标。

四是加强国内外合作。与国内外机构和院所广泛开展交流合作。先后与国家应对气候变化战略研究与国际合作中心签订《关于加强低碳发展合作的战略合作协议》，与中国计量科学研究院合作建设镇江低碳计量技术示范基地，与美国加州政府签订《关于加强低碳发展合作战略备忘录》和《关于加强低碳发展合作行动计划》，与美国能源基金会签订《关于加强城市绿色低碳发展合作的谅解备忘录》。

# 排放权交易制度的国内外比较分析

刘　侃[①]　杨礼荣[②]

排放权交易（Emissions Trading）制度最早由美国经济学家 Crocker Thomas 和 Dales John 等人提出，是一种运用市场机制来削减排放的政策工具。排放权交易的理论基础主要是公共物品理论和产权理论，即环境资源作为公共物品，对其的不当利用会带来（负）外部性，导致环境的恶化；通过明确界定环境资源的产权，将外部成本内部化，继而改善环境；通过产权的市场交易，来实现环境资源的有效配置。

排放权交易制度最早在美国得到成功应用，如美国的铅淘汰计划、酸雨计划等。近年来，随着国际社会对气候变化问题的关注，碳排放权交易迅速推广开来。我们选择国内外典型的排放权交易制度进行比较研究，以期为我国排放权交易制度的设计和实施提供政策建议。

---

① 刘侃：生态环境部环境保护对外合作中心项目经理。
② 杨礼荣：生态环境部环境保护部环境保护对外合作中心处长。

## 一、国内外排放权交易制度概况

（一）排污权交易制度。排污权交易制度始于20世纪70年代。为了缓解经济发展与环境保护之间的矛盾，美国环保署于1976年制定了补偿政策，鼓励“未达标区”现有污染源将排放水平削减到法律要求的水平之下，超量削减部分经环保署认可后成为“排放削减信用”，出售给想进入该区域的新企业。在此基础上，美国环保署逐步建立起以补偿、气泡、存储和容量结余为核心内容的排污权交易政策体系。1990年，美国政府修订了《清洁空气法》，从法律上将排污权交易制度化，并设立了被认为是首个真正意义上的以市场为导向的排污交易机制——酸雨计划。

过去几十年内，美国将排污权交易制度作为一项重要的环境经济政策全面应用推广，交易标的物也从单一的大气污染物拓宽至多种大气污染物和水质污染物等，政策覆盖的范围既有州政府，也有区域、跨区域和全国。不过，除美国之外，排污权交易制度主要还是在一些市场经济发达的国家得以应用，如德国、澳大利亚、加拿大、英国等。

美国酸雨计划针对的是电厂的二氧化硫（$SO_2$）和氮氧化物（NOx）的排放控制，旨在减少这两种酸沉降的前体物，保护生态环境和人体健康。其中，$SO_2$的排放控制采用的就是配额交易机制。《清洁空气法》修正案中设定了$SO_2$的控排目标，年度$SO_2$排放在1980年的基础上下降1000万吨；2010年，酸雨计划设定了$SO_2$的排放总量（890万吨/年）。2016年，酸雨计划覆盖的电厂$SO_2$排放已经下降至150万吨，而电厂的发电量仍然保持稳定。除了巨大的环境绩效之外，酸雨计划也带来了明显的成本效益。政策成本也被认为远低于传统的命令控制型政策手段，甚至比政策设计的预期成本还要低。

排污权交易制度作为舶来品，在我国已经有20多年的历史，其发展大致可以分为三个阶段：第一，起步尝试阶段（1988—2000年）。在这一阶段，我国零星出现了排污权交易的实践，环境管理机制从浓度控制转向总量控制，为排污权交易机制奠定了实践基础和政策氛围；第二，试点摸索阶段（2001—2006年）。为了使环保工作更加适应经济建设的需要，原国家环保总局提出通过排污权交易来完善总量控制工作，此后，开始出现了多个排污权交易试点；第三，试点深化阶段（2007年至今）。财政部和原环境保护部从2007年起先后批复11个省（区、市）开展排污权有偿使用和交易试点。批复试点之外的其他省份也自主开展了排污权有偿使用和交易探索。这一阶段，排污权交易试点不再停留在单项交易实践，而是进入了建章立制的尝试。各地相继出台完善排污权交易相关的政策体系，覆盖交易管理、排污权核定、基准价确定、有偿使用、收入管理等，相关交易机构也纷纷建立。然而，从试点地区的实践情况看，我国排污权交易市场规模普遍偏小，交易以排污权有偿获得的一级市场为主，二级市场交易并不活跃。2016年，国务院办公厅印发了《控制污染物排放许可制实施方案》，希望将排污许可制建设成为固定污染源环境管理的核心制度。“一证式”管理的环境保护制度改革将对未来排污权有偿使用和交易试点造成一定的影响。

（二）碳排放权交易制度。欧盟碳排放权交易市场（EU-ETS）是最早的碳排放权交易市场，于2005年启动。启动之初，EU-ETS覆盖的碳排放量约为21亿吨二氧化碳当量，约占欧盟碳排放总量的40%，占全球总排放量的5%。在短短十几年的时间里，全球碳排放权交易制度得到了迅速发展。2017年年底，随着中国全国碳市场的启动，全球大大小小的碳市场数量增加至21个，涉及36个国家和地区，涵盖的碳排放量约为74亿吨二氧化碳当量，约占全球排放量的15%。

EU-ETS的发展可以分为三个阶段：第一，试验阶段(2005—2007年)。该阶段属于学习阶段，通过实践发现问题，完善体制机制的建设。该阶段由于配额的超发，导致了配额价格一度降为 0；第二，《京都议定书》第一承诺期履约阶段（2008—2012 年）。该阶段交易体系以履行《京都议定书》减排承诺为目标，覆盖的国家和行业都有所增加。不过，经济危机导致企业排放量下降，同样出现配额过剩，碳价低迷；第三，立法第一轮重大修订生效阶段（2013—2020 年）。欧盟改变配额总量制定的规则，并建立了市场稳定储备（MSR），应对配额盈余的问题，以拍卖代替无偿分配。2018 年 3 月，欧洲委员会通过第二轮重大修订，调整配额削减的比例，并设立低碳基金，通过配额拍卖来筹资。

我国碳排放权交易工作于 2011 年开始。2011 年，国家发展和改革委员会办公厅发布了《关于开展碳排放权交易试点工作的通知》，同意北京、天津、上海、重庆、湖北、广东等省（直辖市）和深圳市开展碳排放权交易试点。2014 年，7 个试点地区先后启动上线交易，截至 2017 年年底，7 个试点碳交易市场累计成交量突破 2 亿吨，累计成交金额超过 47 亿元。2017 年 12 月 19 日，国家发展改革委宣布全国碳排放交易体系正式启动，首先在电力行业实施。

综上所述，排污权交易市场相比于碳排放权交易市场发展历时更久，但是碳排放权交易制度发展更快，已经成为各国应对气候变化普遍采用的一种重要的政策手段。从国内制度发展来说，虽然碳排放权交易市场试点地区有限，但交易量和交易额度大，市场活跃度更高；而排污权交易市场试点省（区、市）多，但市场规模普遍小、二级市场不活跃，交易尚未成熟。

## 二、国内外典型排放权交易制度比较

排放权交易制度在国外有较为成熟的实践，国内仍在试点中，全国性交易市场尚未建成。因此，我们主要从国内排放权交易制度相关文件和试点地区出现的共性问题入手，对照国外典型排放权交易制度（美国酸雨计划、欧盟碳排放交易体系）的经验和教训发现问题。

（一）保证市场效率的机制设计是面临的共同问题。排放权交易制度的关键在于保证市场的效率，而这最直观的表征就是交易量（市场的流动性）和价格波动（市场的稳定性）。配额市场的流动性是排放权交易制度普遍存在的问题，而经济的波动、配额的盈余、政策的影响等多种因素都会对价格造成冲击。例如，EU-ETS 在前两个发展阶段就因为过剩导致碳价的剧烈波动。为了保证市场的效率，国外排放权交易制度开展了很多创新性设计，如设置价格阈值、建立配额收储机制等，这些都可以为我国排放权交易制度提供有益借鉴。

（二）排放权逐渐转向有偿分配。理想的自由市场中，初始配额的分配并不会影响市场均衡。相比于免费分配，初始配额的有偿分配还可以获得额外的资金收入，提高政策的公平性和社会福利。然而，在酸雨计划和初期 EU-ETS 中，基于历史数据的免费配额分配方式是主流的分配方式，旨在争取政治支持，减小政策阻力。伴随着排放权交易市场实施的成功，有偿分配（如拍卖）被逐步引入交易机制。欧盟于 2018 年 3 月通过了第二轮针对 EU-ETS 的立法修订，其中一项很重要的创新就是建立低碳基金，利用配额拍卖的所得收入来解决成员国的气候变化相关问题。我国在碳排放权交易的试点中也开始尝试利用拍卖来开展初始配额分配。我国排污权交易试点从 2007 年开始推行排污权有偿使用试点。2014 年，国务院办公厅进一步推进排污权有偿使用和交易试点工作，明确要建立排污权有偿使用制度。某种程度上说，我国排污权交易试点的一项重要成效就是通过排污权有偿使用建立了环境资源有价的概念。

（三）数据准确性是政策效果的保障。国外排放权交易的实践都证明了准确的数据是政策效果的保障。美国酸雨计划是通过连续在线监测系统（CEMS）来保证排放数据的准确可靠。为了保证监测系统的运行质量，主管部门会对系统进行严格的认证和定期的核查校核。碳排放交易制度则是通过引入第三方核证机制来保证数据的质量。目前，我国排污权许可证的管理采用的是企业自证守法的监管方式，其对数据质量的管理效果尚有待观察。

（四）排放权交易需要法律制度作为基础。排放权交易的基础在于确权。制度的法律基础不仅赋予了制度合法性，也明确了排放权的相关法律属性，而排放权的法律属性直接影响着对排放权的使用方式。排污权的法律权属不清是我国排污权交易试点地区在探索排污权资本化运作时经常面临的问题。

美国酸雨计划是根据《清洁空气法》修正案制定的。该修正案对计划出台的背景、控制目标、配额分配、履约计划、监测报告等具体事项进行了约定，更为重要的是，还明确了酸雨计划中配额的属性。配额可以按照相关法规获取，持续、暂时或永久性转让，但并不构成财产权。因此配额管理不能影响政府配额政策的变更，不能影响其他法律法规的制定、修改和实施。

欧盟碳排放交易体系则是根据《欧盟排放交易体系指令》建立的。该指令明确要建立配额交易机制，以成本有效、经济有效的方式来减少温室气体排放。配额只用于满足本指令的要求，可以按照本指令的条款进行转让。

相比之下，我国的排污权交易主要是通过国务院相关部门的规范性文件和部门规章来规范；而碳排放权交易则更多依靠部门规章。上位法的缺失，导致了试点地区在制定地方法律规章、开展交易试点时常常面临法律依据不足的尴尬。

（五）明确的政策目标是制度设计的核心内容。排放权交易制度作为环境领域的政策工具，最根本的目的是通过市场机制实现对排放的控制，主要体现在获得环境效益和经济有效性两个方面。明确的政策目标直接指导制度的设计，也为后期政策绩效的评估提供依据。

美国的酸雨计划在《清洁空气法》修正案中明确了计划的环境目的（减少酸沉降、减少对生态系统和人体健康的影响）和 $SO_2$ 的减排目标。而EU-ETS 也是直接与欧盟应对气候变化的战略目标相挂钩，并以此来确定年度配额削减的比例。相比之下，我国的排放权交易制度缺乏量化的控排目标和服务于实现政策目标的清晰的减排路径设计。

（六）谨慎研究排污权交易制度的适用性。美国对酸雨计划的相关评估表明，市场机制的适用性很大程度上取决于控排物质的迁移转化性质和对环境的危害。对于排放源和受体之间因果关系明确、边际环境损害激增的污染物而言，市场机制可能会引发局地环境问题，继而影响政策效果。相反，对于温室气体而言，温室气体的排放导致的是区域 / 全球的气候效应。

美国酸雨计划主要针对电厂的 $SO_2$ 排放。高架源 $SO_2$ 的长距离输送特性及环境影响一定程度上能够避免局地环境污染的出现。而在我国目前的排污权交易试点中，交易产品除了国家纳入总量控制的约束性指标外，还有对本地环境质量影响较大的污染物。如湖南的排污权交易标的物有重金属，重庆标的物有生活污水和垃圾，山西标的物有工业烟尘和粉尘。这些污染物是否都适用于排污权交易制度还需谨慎研究。

排放权交易机制优化环境资源配置的前提条件在于差异化的控排成本。例如，美国酸雨计划覆盖的电厂可以通过加装尾气脱硫设备来控制 $SO_2$ 的排放，也可以通过燃料替代（高硫燃料转向低硫燃料，燃煤转向燃气等）来实现控排。EU-ETS 则通过扩大市场规模（参与交易的国家数量增加、关联其他国家的交易体系）来寻求控排成本的差异化。然而，我国排污权交易制度，从试点情况看大多局限在所在地行政辖区范围内，市场规模不大，控排成本差异不明显。

## 三、对我国排放权交易制度建设的政策建议

（一）加强基础研究，提高交易制度的适用性和市场效率。针对具体控排物质，从其理化性质和环境影响、减排技术、成本有效等方面进行分析，研判交易制度的适用性。总结试点地区的实践，借鉴国外排放权交易的经验，强化制度设计相关的基础性研究，如配额总量确定、定价机制等，通过完善市场设计来保障市场的效率和政策的绩效。

（二）推动出台相关法律，奠定交易制度的法律基础。国家层面上位法的缺失导致了地方试点法律依据不足，引发交易制度本身的合法性以及排放权的法律属性问题。建议加快推动相关法律法规的出台，提升相关文件的法律效力，为后续工作的开展提供法律依据。

（三）明确政策目标，完善交易制度的顶层设计。对于国内碳排放交易制度，目前已经在发电行业率先启动全国碳排放交易体系。从碳市场建设的三个阶段来看，工作的重点是在市场机制的建设和完善上。国内排污权交易制度尚未建设全国市场，在“一证式”环境管理体制改革的背景下，更需要加强对排污权交易制度的定位、政策目标、路线图等顶层设计的思考，才能保证相关工作的顺利开展并取得实效。

（四）完善数据管理，保障交易制度的实施。对于碳排放交易制度，在现有的基于排放核算的数据监测、报告与核证体系下，建议强化企业数据管理的质量管理和质量控制，建立数据核查标准，提高第三方核查机构的能力，提高数据的透明度和公信力。对于排污权交易制度，建议加强监管制度的制定完善，在企业主体责任落实之余，强化主管部门的监管责任，考虑引入第三方核查机制，来提高政府监管的覆盖面和有效性，切实提高数据质量。

# 第五部分

# 附　　录

## 附录 1

# 积极推动生态环境治理体系与治理能力研究与实践

陈　亮[①]

为深入贯彻落实党的十八大、十九大精神和习近平新时代中国特色社会主义思想，推进国家治理体系和治理能力现代化，经中央编办和原环保部同意，决定由中国机构编制管理研究会、中国行政管理学会、中国行政体制改革研究会、联合国开发计划署及中国环境与发展国际合作委员会五家单位连续三年举办以“生态环境保护体制机制相关问题为主题”的研讨会，专题研究生态环境治理体系和治理能力建设、相关管理体制和机制改革与实践方面的问题。三年来，在中央编办、生态环境部（原环保部）领导重视下，在各主办单位大力支持下，在有关专家积极贡献下，我们成功承办了三届研讨会，取得了丰硕成果，为推进生态环境体制改革，打好污染防治攻坚战，为推动生态文明和美丽中国建设提供了有益借鉴和参考。

① 陈亮：时任生态环境部环境保护对外合作中心主任。

## 一、会议的主要做法

一是相关领导重视。中央编办主任张纪南，时任环保部部长陈吉宁、现任生态环境部部长李干杰等领导重视开好研讨会，多次强调研讨会要认真贯彻落实党中央关于全面深化改革，不断推进国家治理体系和治理能力现代化，加快生态文明体制改革，改革生态环境监管体制等精神。每次会前都听取汇报，作出批示，亲自审定会议方案。中央编办副主任何建中、崔少鹏，时任环保部副部长李干杰、赵英民，生态环境部副部长翟青分别出席会议并作重要发言。中国机构编制管理研究会会长黄文平统筹协调，以精心细致的筹备工作确保会议取得成功。二是精心策划研讨主题。三年来，会议紧紧围绕生态环境治理体系和治理能力问题，围绕生态环境体制改革、生态环境监管体制改革的进展情况和工作需要，重点在生态环境保护系统和机构编制管理系统反复沟通、征求意见，精心策划研讨主题，既有超前性，也有针对性。三年的研讨大主题，都聚焦于“环境保护治理体系与治理能力”,2018 年在用语上调整为“生态环境治理体系和治理能力”，突出了“生态环境”。分议题各年侧重点不同，2016 年为“区域流域环境治理体系”“环境行政执法体系”“环境监测体系”三个领域；2017 年为“区域大气环境管理体制改革”“生态环保管理体制改革”“农村环保管理体制改革”三个方面；2018 年为“生态环境管理体制”“生态环境保护综合执法体制”“应对气候变化管理体制”三个问题。每年的研讨会主题和分议题，紧扣当年生态环境体制改革的重点热点难点，为生态环境体制改革和生态环境监管体制改革闯深水区、啃硬骨头提供了研究和解决问题的支撑。三是发言专家层次高、代表性强。会议汇集了国内外相关领域知名的专家学者参与讨论，发言嘉宾层次高、代表性强，专家们发表了真知灼见，贡献了智慧见解。中国气候变化事务特别代表解振华对研讨会予以大力支持，亲自出席这三年的会议，并分别围绕“环境保护治理体制改革建议”“构建中国特色社会主义的生态文明治理体系”“深入推进新时代生态环境管理体制改革”问题发表主旨演讲。会议邀请了国际行政科学学会主席波科特等 20 余位国际专家、清华大学原副校长何建坤等 40 余位国内专家参与研讨，形成 70 余篇有深度、有思想的成果。四是及时总结、用好会议成果。每年会议结束后，都及时总结会议研究成果，分别报送生态环境部和中央编办，为推动省以下环保机构监测监察执法垂直管理制度等改革试点措施和政策出台提供决策支持。50 余篇国内外专家发言材料在《中国机构改革与管理》杂志上陆续以专栏形式刊载，并将 2016 年、2017 年的会议成果汇编出版了《环境保护体制改革研究》专著。

## 二、会议取得的主要成果

会议分享了中国生态文明建设经验，为全球环境治理作出贡献。会议聚焦中国生态文明建设体制改革，专题研究环境治理体系和治理能力问题，向国际社会反映了中国作为最大发展中国家在可持续发展方面的实践和探索，深化了对生态文明建设的理解认识，加深了构建人类命运共同体的共识，是中国积极参与全球环境治理，推进“一带一路”倡议，为世界环境保护和可持续发展提供中国理念、中国方案和中国贡献的积极举措。会议对于推进自然资源和生态环境管理体制改革以及进一步理顺职责关系具有积极意义。会议围绕生态文明体制改革建言献策，研讨会的成果，对于推动党和国家机构改革相关改革方案的出台，特别是对于推动自然资源部、生态环境部、国家林业和草原局、水利部等生态资源环境相关部门的优化设置和新部门组建提供理论参考。对于明确自然资源所有权和监督权的分离原则，生态文明建设的管理体制初步理顺，减少部门交叉，提高决策的科学性和效能，促进我国生态文明建设的精细化管理起到积极作用。会议的成果为一些改革措施的研究出台提供了研究决策支撑。近5年来，生态环境保护领域改革全面深化，先后出台了《生态文明建设目标评价考核办法》《党政领导干部生态环境损害责任追究办法（试行）》以及环境保护督察、划定并严守生态保护红线、控制污染物排放许可制等改革举措，开展生态文明建设试验区、省以下环保机构监测监察执法垂直管理体制改革、区域流域环境管理机构、国家公园体制等改革试点，初步构建起“四梁八柱”性质的制度体系。会议的成果，为这些改革举措和改革试点提供了研究决策支撑和政策借鉴。2018年的研讨会，继续围绕改革热点开展研讨，并取得了积极成果，将为增强生态环境保护综合行政执法和省以下环保机构监测监察执法垂直管理体制改革试点效果，推动地方应对气候变化机构调整，进一步深化生态环境管理体制改革提供参考借鉴。在今后的生态环境体制改革中，会议成果还将继续发挥借鉴作用和持续影响。

## 三、会议的主要经验

一是政治站位高，指导思想明确。会议坚持以习近平新时代中国特色社会主义思想为指导，深入贯彻习近平生态文明思想和外交思想，围绕“五位一体”总体布局，针对生态环境治理体系和治理能力开展研讨，努力为生态文明建设，打好污染防治攻坚战提供制度性、体制性研究决策保障。二是合作融合，重点突出。合作是研讨会最鲜明的特点，也是研讨会取得成功的关键要素。首先，研讨会由中国机构编制管理研究会、中国行政管理学会、中国行政体制改革研究会、联合国开发计划署、中国环境与发展国际合作委员会和环境保护对外合作中心几家单位共同主办和承办，这几家单位各有长处，体现了资源整合和优势资源的合理利用；其次，会议注意发挥生态环境保护、行政体制改革和机构编制管理两方面专家的主动性和积极性，优势互补，合作探索研究生态环境管理体制改革的方针政策；最后，会议既展示了国外环境治理的经验和做法，也研究探讨了中国环境治理方面的经验、不足和教训。在确定主题和研讨议题后，会议紧紧围绕主题展开讨论，围绕如何拆解体制机制方面改革的热点难点问题，围绕如何完善治理体系和加强治理能力问题深入研讨，讨论力求精准聚焦，重点突出。三是与会专家认真负责，精心准备。参会国内外专家提前做了认真充分的准备，将各自核心的研究成果浓缩分享，撰写了高质量的发言稿，并精心制作PPT。参会代表集思广益、畅所欲言，交流研讨，讲出真话实话，给出真招实招，交流经验教训，为研讨会取得预期效果创造了重要条件。四是精心筹备、周密组织。为使会议研讨交流更加充分，我们坚持提前收集和准备会议材料，将所有主旨演讲及专家发言进行翻译，将中英文对照材料汇编成册，作为会议资料，并在专家发言时安排了同声传译。此外，会务组人员加班加点工作，全力保障支持，力保会议筹备工作万无一失。随着2018年会议的圆满召开，为期三年的生态环境领域治理体系与治理能力研讨会暂告一段落。三年来我们交流了思想，凝聚了共识，推动了工作，巩固了友谊。希望大家在今后一如既往地关心、支持生态环保工作，支持生态环境治理体系和治理能力现代化，支持生态环境管理体制改革，协力推进打好污染防治攻坚战和生态文明建设。

附录 2

# 2018 年生态环境治理体系与治理能力研讨会观点综述

李利平 [1]

2018 年 9 月 21 日，中国机构编制管理研究会、中国行政体制改革研究会、中国行政管理学会、联合国开发计划署、中国环境与发展国际合作委员会 5 家单位共同举办了“2018 年生态环境治理体系与治理能力”研讨会。此次研讨会的主题，与 2016 年、2017 年的研讨会一脉相承，此次研讨会结合新一轮党和国家机构改革的情况，大主题确定为“生态环境治理体系与治理能力”，分“生态环境管理体制”“生态环境保护综合执法体制”“应对气候变化管理体制”三个分议题进行研讨。会议集中交流研讨了生态环境治理体系与治理能力方面最新的国内外研究成果，以及中国中央政府和地方政府正在推进的改革探索，为进一步加快生态环境治理体系建设，改革环境治理的体制机制，改善生态环境质量提供对策思路和政策建议。为方便读者了解会上这三个专题领域的主要观点，我们对会议观点进行了综述。

① 李利平：中国机构编制管理研究会课题室副主任。

## 一、关于新时代生态环境管理体制改革的思考

解振华在致辞中指出，新一轮生态环境管理体制改革，针对体制弊端重组了资源和生态环境保护机构，调整了相关职能，为生态文明制度建设提供了体制支撑。当前，生态环境管理体制改革仍面临一些挑战，生态环境部门与自然资源部门在处理生态保护方面仍存在潜在冲突；与综合经济部门在处理应对气候变化和绿色低碳发展方面的职能协调；与国家林业和草原局在自然保护地方面的保护和监管关系；与水利、渔政、航运等部门以及上下游、左右岸在流域综合管理方面的跨部门跨行政区职能统筹；建立健全环境与发展综合协调机制等，需要在执行中深化和探索。深入推进新时代生态环境管理体制改革，他建议利用机构改革契机，加快推进职能转变、明确职责，完善面向治理体系和治理能力现代化的生态环境保护管理体制；强化机制建设和创新，实现生态文明建设职能的有机统一，增强体制运行效能；加快构建政府主导、市场推动、企业实施、公众参与的生态环境治理体系；全面加强自然资源和生态环境部门的能力建设。

崔少鹏在致辞中指出，党中央高度重视并全力推动生态文明顶层设计，已初步构建起了“四梁八柱”性质的制度框架，为推进和落实改革提供了基本遵循。新一轮党和国家机构改革重构了自然资源和生态环境管理体制。改革后，从中央到地方将形成全新的工作体系和工作机制。

翟青在致辞中指出，这次党和国家改革，组建生态环境部，整合分散的生态环境保护职能，实现了地上和地下、岸上和水里、陆地和海洋、城市和农村、一氧化碳和二氧化碳“五个打通”。同时贯通了污染防治和生态保护，解决长期以来我国生态环境领域体制机制问题。下一步，将坚持以解决制约生态环境保护的体制机制问题为导向，以强化地方党委、政府

及其有关部门生态环保责任和企业生态环保守法责任为主线，以提升生态环境质量改善效果为目标，统筹当前和长远，坚持标本兼治，建立健全生态环境保护领导和管理体制、激励约束并举的制度体系、政府企业公众共治体系，增强综合管理、执法督察、社会服务能力，提升专业素质和保障支撑水平。

戴文德（Devanand Ramiah）在致辞中介绍了近三年来生态环保全球政策的变化。从各国的实践看，要实现有效的环境治理，政府、非政府组织、私营部门、社会、社区团体、普通公民等多主体都要共同合作努力。而且，在应对环境问题时，各方面主体要注意协同性和整体性，加强法律和环境机构建设，将环境可持续目标融入国家和区域的发展政策。

索费恩·萨哈拉维（Sofiane Sahraoui）在致辞中指出，从全球的经验看，公共管理是可持续发展目标实施的关键，也是基础的要素。国家可持续发展议程的实施能否成功取决于政府治理的质量，而各国面临的重要挑战就是如何能寻找到适合国家实际的治理方式。

## 二、关于生态环境管理体制改革的观点

中央编办二局，生态环境部行政体制与人事司，自然资源部地籍管理司，中国人民大学，德国联邦环境、自然保护、建筑和核安全部，山东省委编办和陕西省环保厅的代表就“生态环境管理体制改革”议题作了发言。从发言的整体情况看，流域环境监管体制、生态环境保护综合执法体制、省以下环保机构监测监察执法垂直管理体制、自然资源资产产权制度、生态环境保护法律建设等，都是当前生态环境管理体制领域广受关注的重点议题。发言既有对当前重点改革进展的分析，也有对国外经验的分享，山东省和陕西省的试点实践为进一步深化改革提供了案例和改革思路。

流域环境监管体制改革取得突破性进展，流域成为环境治理的管理单元，这一点已成为社会各界共识。黄路认为，完善流域环境监管体制是生态文明体制改革的重要内容。这次党和国家机构改革对流域环境监管体制进行重构。将流域自然资源资产所有者职责统一交由自然资源部承担，有利于统筹流域水资源的开发与保护；将流域国土空间用途管制和生态保护修复职责统一交由自然资源部与国家林业和草原局承担，有利于从源头上加强全流域的整体保护修复；将流域城乡各类污染排放监管和行政执法职责交由生态环境部承担，有利于实现流域污染防治的集中统一监管。张玉军提出，按流域、海域设监管机构，使得生态环境监管机构第一次有了相对完整的框架。目前，生态环境部将在长江、黄河、淮河、海河、珠江、松辽、太湖流域设立生态环境监督管理局，作为生态环境部派出机构，加大流域环境监管力度。山东省探索设立了南四湖东平湖流域生态环境监管办公室，全面具体负责协调、指导南四湖东平湖流域内环境监管和监测执法工作，组织拟订流域有关规划、标准、规范，参与流域环境影响评价工作。山东的探索为流域监管机构设置和流域环境监管体制改革提供了地方经验。

省以下环保机构监测监察执法垂直管理试点改革取得积极进展。山东省和陕西省都是改革试点，经过努力改革，已积累了丰富的经验。山东省建立一套相对独立、专司“督政”的工作体系。设立省环境监察办公室和6个区域环境监察办公室，派驻到设区的市。同时，省环保厅直接管理驻市环境监测机构，统一负责全省及各市县生态环境质量监测、调研评价和考核工作。明确将环境执法机构列入政府行政执法部门序列，加快推动环境执法重心向市县下移，日常环境执法工作主要交由市县承担。陕西省积极探索环保机构市以下垂直管理体制，强化基层环保部门职能。改革不仅克服了地方行政干预的问题，还增强了市级实施环境监管的统一性、整体性，解决了市辖区内跨县界的环境问题。

归属清晰、权责明确、监管有效的自然资源资产产权制度建设取得积极进展。高永认为，推动自然资源统一确权登记，目的就是逐步划清全民所有和集体所有之间的边界，划清全民所有、不同层级政府行使所有权的边界，划清不同集体所有者的边界，划清不同类型自然资源的边界，进一步明确国家不同类型自然资源的权利和保护范围等，推进确权登记法治化。目前已在吉林等12个省份开展7个方面试点，探索解决自然资源统一确权登记当中的难点。

生态环境保护法律体系有待完善。马中建议明确《中华人民共和国环境保护法》为上位法，下位法根据环境要素立法；建议增设关于地质环境保护的法律；建议尽快修改海洋环境保护法，明确生态环境主管部门具有监管海洋生态环境保护的职能。

## 三、关于生态环保综合执法体制的观点

中央编办三局、生态环境部生态环境执法局、克莱恩斯欧洲环保协会（英国）北京代表处、中国政法大学、江苏省委编办和江西省环保厅的代表就“生态环保综合执法体制”议题作了发言。从发言的情况看，发言者比较一致地认为，生态环境保护综合执法改革，对生态环境治理体系建设具有基础性作用，进一步改革生态环境执法体制，推动生态环保综合执法，是大势所趋。目前，中央和地方都在积极推进，如江苏、江西等地方都根据地方实际进行了富有特色的探索。欧洲生态环境综合执法的经验对中国的改革也有积极借鉴。龙迪（Dimitri de Boer）对比中欧的情况，认为欧盟的环境执法更注重预防，欧洲国家生态环境执法的主要工具是环境许可证制度。

生态环保综合执法改革正在积极推进。王龙江认为，2016年省以下

环保机构监测监察执法垂直管理制度试点以来，试点省份实现了生态环境执法力量下沉，市县生态环境保护执法得到加强。新一轮深化党和国家机构改革将改革生态环境管理和执法体制作为重要内容。同时，省以下环保机构监测监察执法垂直管理制度改革、生态环境保护综合行政执法改革也纳入地方机构改革中统筹推进和实施。

生态环境保护综合行政执法改革仍面临一些挑战。孙振世对这些挑战进行了梳理，主要包括生态保护执法的领域范围尚不明确；生态保护执法涉及国土、水利、农业、林草、海洋、住建等部门，有的执法事项存在多个执法主体，地方综合执法改革的协调难度大；生态保护没有系统性的专门立法，且缺乏量化标准。王灿发也认为，生态环境执法仍面临一系列制约因素，包括现有环境保护执法体制与生态环境执法体制改革要求不相适应；现有环境保护立法规定的监督管理体制与生态环境执法体制改革的要求不相适应；现有环境执法能力与生态环境统一执法需求不相匹配等。

地方在生态环保综合执法体制改革方面积累了丰富经验。比如江苏省从 2015 年就开始在资源环境等领域开展综合行政执法体制改革试点。周家新介绍了江苏省生态环境保护综合执法体制改革的特点，即根据不同层级的实际探索适合的综合执法方式：省级注重加强生态环境执法监督，市县推进环保“一支队伍管执法”，乡镇和开发区探索区域环境综合执法。江西省在赣州市石城县、会昌县、安远县，抚州市宜黄县等地开展了试点。江西省的试点探索可概括为三种模式：联席会议制度模式、成立联合执法队模式和成立生态环境执法局模式，这三种模式各有利弊，为面上改革的推开提供了经验支持。

## 四、关于应对气候变化管理体制的观点

生态环境部应对气候变化司、清华大学、挪威国际气候与环境研究所、国家应对气候变化战略研究和国际合作中心、镇江市的代表就“应对气候变化管理体制”议题进行了交流研讨。从发言的整体情况看，发言者一致认为气候问题是一个环境问题，积极应对气候变化是中国可持续发展的内在要求，建议加强国内制度建设和政策工具应用，确保气候目标有效落实。国外的经验也验证了这一点。康缇思（Stephan Contius）认为，加快推进经济和社会转型，推动绿色生产和绿色消费，对于改善环境的作用至关重要。各国政府都要在《巴黎协定》确定的政策和目标框架下，保持内部协同一致采取行动，在国家和国际层面的一些具体领域也要协调行动。

中国需要加强应对气候变化的制度建设。孙桢认为，实施积极应对气候变化的国家战略，既是对我国一直以来气候政策及其实践的概括，也是对未来气候政策方向的阐述。中国在积极推进相关立法，力图把各项基本制度建立起来。同时，他也认为，落实气候目标需要有效的实施机制。艾弗森（Knut H.Alfsen）认为，从全球范围的经验看，全面有效落实和实施《巴黎协定》仍面临严峻挑战，政府通常采用的法律法规或经济手段等工具，对减少碳排放的实际效果并不理想，需要各国政府作出更大的努力。何建坤认为，建立与我国现代化制度体系相适应的应对气候变化制度和机制，是打造国际影响力和竞争力，引领全球应对气候治理的重要方面。他建议要不断强化和完善应对气候变化战略规划和制度建设，包括研究确定2035年和2050年国家应对气候变化和低碳发展的目标和路径；加快应对气候变化立法；结合碳市场建设，建立健全全国温室气体排放和减排的上报、监测和核查体系；强化企业和产品的碳排放标准和市场准入政策；发

展和完善绿色金融和财税政策保障体系等。

充分发挥市场机制在配置碳排放空间资源上的作用。启动全国碳排放权交易市场建设是近年来我国应对气候变化的重大举措。马爱民认为，从国内外的经验看，市场机制可以成为控制温室气体排放的有效政策工具。2011年以来，中国启动了碳排放权交易试点改革，在顶层设计和实际操作方面获得了宝贵经验，目前，已初步形成相关政策和交易体系，提高了企业控制温室气体排放、低碳发展的意识，培养了一批熟悉碳市场的管理和专业技术人员。他建议，未来碳市场建设要明确运行相关各方的角色与任务。国家主管部门和省级政府部门要科学决策、制定游戏规则，加强市场监管。企业面临双重考验，一方面要提高管理碳排放的能力，履行控制排放的义务，实施减排活动、编报排放信息、制定监测计划等；另一方面要加强碳资产管理能力，管理好、使用好碳资产。对第三方核查认证机构来说，必须按照规定对企业碳排放进行核查，保持核查过程中的公平公正。交易平台面临的主要考验是对交易活动的日常监管，保证市场交易在公平的环境下进行，需要加强对交易活动的风险控制和对会员以及交易所工作人员的监督管理。

镇江等地方为推进低碳城市建设进行了创新性探索。镇江市加强组织体系建设，设立生态文明（低碳城市）建设领导小组，设立市—县—乡三级低碳办，明确各层级责任分工；突出规划引领体系建设，出台生态文明建设、低碳发展、长江岸线保护、制造业转型升级发展、现代服务业发展、城市管理发展等规划；建立绿色发展评价机制和生态文明、低碳城市考核目标体系，加强考核监督。这些地方的有益探索为低碳城市在全国范围的推广提供了经验。

# 生态环境部部长李干杰在 2018 年全国生态环境保护工作会议上的讲话摘录

……

## 一、深入学习贯彻习近平新时代中国特色社会主义思想和党的十九大精神

党的十九大是我们党和国家事业发展进程中的一座丰碑，具有重要的现实意义、深远的历史意义和广泛的世界意义。习近平总书记所作的报告就新时代坚持和发展中国特色社会主义的一系列重大理论和实践问题阐明了大政方针，就推进党和国家各方面工作作出战略部署，是我们党在新时代开启新征程、续写新篇章的政治宣言和行动纲领。

党的十九大对生态文明建设和生态环境保护进行了系统总结和重点部署，梳理了五年来取得的新成就，提出了一系列新理念、新要求、新目标、新部署，为提升生态文明、建设美丽中国指明了前进方向和根本遵循。从新成就看，将“生态文明建设成效显著”作为过去五年取得历史性成就、发生历史性变革十个方面之一予以集中阐述；从新理念看，将坚持人与自然和谐共生作为新时代坚持和发展中国特色社会主义基本方略的重

要内容；从新要求看，紧扣新时代我国社会主要矛盾的变化，必须强化生态环境保护，推动高质量发展，提供更多优质生态产品以满足人民日益增长的美好生活需要；从新目标看，将坚决打好污染防治攻坚战作为决胜全面建成小康社会的三大攻坚战之一，将建设美丽中国作为全面建设社会主义现代化强国的奋斗目标；从新部署看，明确要求加快生态文明体制改革、建设美丽中国，作出推进绿色发展、着力解决突出环境问题、加大生态系统保护力度、改革生态环境监管体制等四项重点部署。

中国特色社会主义进入了新时代，生态文明建设和生态环境保护也进入了新时代。我们要深入学习贯彻习近平新时代中国特色社会主义思想和党的十九大精神，把党中央擘画的生态文明建设和生态环境保护决策部署蓝图，转化为路线图和施工图。

（一）深刻把握新时代新思想，以习近平新时代中国特色社会主义思想为指导，全面加强生态环境保护。习近平新时代中国特色社会主义思想是马克思主义中国化最新成果，是当代中国马克思主义、21世纪马克思主义，是党和国家必须长期坚持的指导思想。习近平新时代中国特色社会主义思想开辟了马克思主义新境界、中国特色社会主义新境界、治国理政新境界、管党治党新境界、世界社会主义新境界，充分展现了习近平总书记马克思主义政治家的远见卓识、雄才大略和政治智慧，也是我们党的历史使命、执政理念和责任担当。

党的十八大以来，习近平总书记就生态文明建设提出一系列新理念新思想新战略，集中体现在“六个观”，即人与自然是生命共同体的科学自然观、绿水青山就是金山银山的绿色发展观、良好生态环境是最普惠的民生福祉的基本民生观、统筹山水林田湖草系统治理的整体系统观、实行最严格生态环境保护制度的严密法治观、建设清洁美丽世界的共赢全球观，形成了习近平总书记生态文明建设重要战略思想，成为习近平新时代中国特色社会主义思想的重要组成部分。

过去五年，党和国家事业取得了历史性成就、发生了历史性变革。生态文明建设和生态环境保护也取得了历史性成就、发生了历史性变革，决心之大、力度之大、成效之大前所未有。这些成就的取得，最根本的是在于以习近平同志为核心的党中央的坚强领导，在于习近平新时代中国特色社会主义思想的科学指引，在于习近平总书记生态文明建设重要战略思想的推动指导，在于习近平总书记亲力亲为、率先垂范所彰显出强大的感召力、标杆作用和榜样力量。做好新时代生态环境保护工作，必须始终坚持这个根本，始终向总书记看齐，把深入学习贯彻习近平新时代中国特色社会主义思想转化为政治自觉、思想自觉、行动自觉，坚持人与自然和谐共生，全方位、全地域、全过程开展生态环境保护建设，推动形成人与自然和谐发展现代化建设新格局，为保护生态环境、建设美丽中国作出我们这代人的努力。

（二）深刻把握新时代新特征，推动高质量发展，实现经济社会发展和生态环境保护协同共进。党的十九大强调，我国经济已由高速增长阶段转向高质量发展阶段。这是党中央的一个重大判断。高质量发展，是能够很好满足人民日益增长的美好生活需要的发展，是体现新发展理念的发展，是创新成为第一动力、协调成为内生特点、绿色成为普遍形态、开放成为必由之路、共享成为根本目的的发展。简而言之，高质量发展就是从“有没有”转向“好不好”。其中，最重要的一条就是生态环境质量是不是向好的方向转变。这对生态环境保护提出了更高更严要求，也提供了更加广阔空间和更大机遇。

生态环境问题的根子在粗放型增长方式。改善生态环境状况，必须改变过多依赖增加物质资源消耗、过多依赖环境消耗、过多依赖规模粗放扩张、过多依赖高能耗高排放产业的发展模式，推动质量变革、效率变革、动力变革。同时，高排放、高污染增长，不仅不是我们所要的发展，而且会反过来影响长远发展。推动高质量发展，需要充分发挥生态环境保护在推进供给侧结构性改革、加快产业结构转型升级方面的作用，推动经济发展方式转变、经济结构优化、增长动力转换。从这个意义上讲，强化生态环境保护与推动高质量发展是完全一致的，环保部门必须有更大作为。

近年来，我们所做的许多工作与推动高质量发展的本质要求是高度契合的。比如，推进环评制度改革，强化“三线一单”（生态保护红线、环境质量底线、资源利用上线和环境准入负面清单）硬约束，优化产业布局和结构；开展中央环保督察，提高地方党委、政府及其有关部门生态文明建设责任意识，切实落实新发展理念；加大企业环境违法行为查处力度，大力整治京津冀及周边地区“散乱污”企业，有效解决“劣币驱逐良币”问题，为守法企业创造了公平竞争环境；逐步提高污染物排放标准，促进产业技术升级、绿色发展。开展这些工作，在改善生态环境质量的同时，倒逼发展质量不断提升，实现了环境效益、经济效益、社会效益多赢。

必须认真贯彻习近平新时代中国特色社会主义经济思想，坚持新发展理念，强化生态环境硬约束，推动形成绿色低碳循环发展的经济体系，在实现高质量发展上不断取得新进展、新突破。要坚持稳中求进工作总基调，处理好发展与保护的关系，把握好工作节奏和力度。在面对加大生态环境保护力度影响经济发展的杂音时，要保持政治定力和战略定力。生态环境保护影响的经济增长，是那些损害生态环境的增长，是那些对人民美好生活带来负效果的增长，是那些影响国家长远发展的“黑色增长”。这样的增长绝不能要。对此，我们必须旗帜鲜明、态度坚决。

（三）深刻把握新时代新使命，坚决打好污染防治攻坚战，不断满足人民日益增长的优美生态环境需要。党的十九大提出，我们要提供更多优质生态产品以满足人民日益增长的优美生态环境需要。这是新时代环保人的新使命。

民心是最大的政治。经济发展了，社会进步了，生活富裕了，人民对蓝天白云、碧水青山、安全食品和优美生态环境的追求更加迫切。当前大气、水、土壤等污染问题仍较突出，重污染天气、黑臭水体、垃圾围城、污染上山下乡已成为民心之痛、民生之患。污染场地开发利用、历史遗留放射性废物等环境风险也不容忽视。人民日益增长的优美生态环境需要与更多优质生态产品的供给不足之间的突出矛盾，这是我国社会主要矛盾新变化的一个重要方面。

必须坚持以人民为中心的发展思想，紧扣我国社会主要矛盾变化，下更大决心、采取更有力措施，着力解决损害群众健康、社会反映强烈的生态环境问题，坚决打好污染防治攻坚战，提供更多优质生态产品，使人民获得感、幸福感、安全感更加充实、更有保障、更可持续。

同时，也要客观地认识到，今天的生态环境问题是历史不断累积的过程和结果，生态环境质量改善也需要一个长期奋斗的过程。我们既要有打好攻坚战的决心和信心，不等不拖，蹄疾步稳向前推进；也要有打好持久战的耐心和恒心，不急不躁，统筹处理好方方面面关系，坚持底线思维，发扬钉钉子精神，驰而不息、久久为功，一步一个脚印向前迈进。

（四）深刻把握新时代新动力，持续深化生态环保领域改革，推动生态环境领域国家治理体系和治理能力现代化。党的十九大提出，要加快生态文明体制改革，改革生态环境监管体制，完善生态环境管理制度。这为进一步深化生态环保领域改革提供了崭新动力。

改革开放以来，我国经历了7次较大规模的机构改革。今年是改革开放40周年，是一个重要的时间节点。要开阔眼界、开阔思路、开阔胸襟，不断深化改革，着力推动建设职能配置科学、组织机构优化、运行顺畅高效的体制机制，构建系统完备、科学规范、运行有效的制度体系。

改革是一场输不起的硬仗。要坚持以解决制约生态环境保护的体制机制问题为导向，以强化地方党委、政府及其有关部门环保责任和企业环保守法责任为主线，以整合提升生态环境质量改善效果为目标，既抓好中央已出台改革文件的贯彻落实，又谋划好新的改革举措。要按照源头严防、过程严管、后果严惩的思路，加快推进环境管理战略转型，理顺生态环境保护基础制度和管理流程，形成生态保护红线是空间管控基础、环境影响评价是环境准入把关、排污许可是企业运行守法依据、执法督察是监督兜底的环境管理基本框架，打出前后呼应、相互配合的“组合拳”。

（五）深刻把握新时代新担当，牢固树立“四个意识”，坚决扛起生态文明建设和生态环境保护的政治责任。党的十九大指出，建设生态文明是中华民族永续发展的千年大计；生态文明建设功在当代、利在千秋。我们要切实提高政治站位，牢固树立“四个意识”，坚定“四个自信”，始终在思想上政治上行动上同以习近平同志为核心的党中央保持高度一致，坚决扛起生态文明建设和生态环境保护的政治责任。

2017 年 6 月，中央办公厅、国务院办公厅印发《关于甘肃祁连山国家级自然保护区生态环境问题督查处理情况及其教训的通报》，对祁连山生态环境破坏典型案例进行剖析，对相关责任人实施严肃追责，处理省级干部 3 人，处理正厅级干部 5 人，行政撤职 4 人，还严肃处理几十名其他干部，给各地区各部门和各级党员干部敲响了警钟，对于进一步强化生态环境保护具有历史性、标志性意义。

在落实党委和政府及其相关部门责任方面，要将生态环境质量只能更好、不能变坏作为地方党委和政府生态环境保护的责任底线，明确相关部门责任清单，综合运用督查、交办、巡查、约谈、专项督察手段，做到真追责、敢追责、严追责、终身追责，推动落实生态环境保护“党政同责”“一岗双责”。在强化企业责任方面，要在推行控制污染物排放许可制、生态环境损害赔偿制度的同时，健全环保信用评价、信息强制性披露、严惩重罚等制度，推动企业自觉履行生态环境保护的主体责任。在推动公众共同参与方面，要加强生态环境保护宣传教育，健全举报、听证、舆论和公众监督等制度，保障公众环境知情权、参与权、监督权和表达权，让每个人都成为生态环境保护的参与者、建设者、监督者。

“打铁必须自身硬”。生态环境保护推进越深入，复杂程度、困难程度越大，对干部队伍的要求越高。打好污染防治攻坚战是一场大仗、硬仗、苦仗，需要环保系统进一步转变作风，在奋发进取、真抓实干、勇于担当、甘于奉献上冲在前，做表率。十九届中央政治局第一次会议即审议通过八项规定实施细则。2017 年 12 月 1 日，习近平总书记就进一步纠正“四风”、加强作风建设作出重要批示，强调“四风”问题具有顽固性反复性，纠正“四风”不能止步。2018 年 1 月 11 日，习近平总书记在十九届中央纪委二次全会上强调，以永远在路上的执着把从严治党引向深入。我们要按照新时代党的建设总要求，坚定不移全面从严治党，严格落实中央八项规定精神，持续整治表态多调门高、行动少落实差等“四风”突出问题，坚决整治不思进取、不接地气、不抓落实、不敢担当的作风顽疾，加快形成“严真细实快”的干事创业氛围，打造一支信念过硬、政治过硬、责任过硬、能力过硬、作风过硬的环保铁军，为推进生态环境保护事业改革发展提供坚强组织和政治保障。

## 二、过去五年和 2017 年重点工作进展

……

三是生态环保领域改革全面深化。中央全面深化改革领导小组审议通过数十项生态文明和环境保护改革方案。生态文明建设目标评价考核办法、党政领导干部生态环境损害责任追究办法以及环境保护督察、划定并严守生态保护红线、控制污染物排放许可制、禁止洋垃圾入境、生态环境监测网络建设、构建绿色金融体系等方面改革举措出台，初步建立“四梁八柱”性质的制度体系。开展生态文明试验区、省以下环保机构垂直管理制度、区域流域机构、国家公园体制、生态环境损害赔偿制度等改革试点，为深化改革积累经验。

……

（二）深化和落实环保改革措施。推进环保体制改革。持续推进省以下环保机构垂直管理制度改革，江苏、山东、湖北、青海、上海、福建、江西、天津、陕西等 9 省（市）实施方案新增备案。中央办公厅、国务院办公厅印发按流域设置环境监管和行政执法机构、设置跨地区环保机构试点方案。赤水河、南四湖、东平湖、九龙江、赣江等流域机构试点有序展开。

实施控制污染物排放许可制。出台《排污许可管理办法（试行）》和《固定污染源排污许可分类管理名录（2017 年版）》，发布 15 个行业技术规范，建成全国排污许可证管理信息平台。基本完成火电、造纸等 15 个行业许可证核发，实现了固定污染源监管从管一般情形到管重污染天气等特殊时段企业排放行为，环境管理要求从针对企业细化到每个具体排污口、从以浓度为主向浓度和总量并重转变，推动了企业自行监测体系建设和达标排放，落实企业主体责任。河北、安徽等省大力推动排污许可制度改革，积极推进重点行业企业排污许可证核发。

建设生态环境监测网络。中央办公厅、国务院办公厅印发《关于深化环境监测改革提高环境监测数据质量的意见》，我部对人为干扰环境监测活动的行为予以严肃查处。完成 2050 个国家地表水监测断面事权上收，全面实施“采测”分离，实现监测数据全国互联共享。加强东北、西北、西南、华南等区域空气质量预测预报能力建设。四川成为西部第一个环境监测能力达标省份，内蒙古依托国家大数据综合试验区建成生态环境大数据中心。

加快生态保护红线划定。中央办公厅、国务院办公厅印发《关于划定并严守生态保护红线的若干意见》。我部会同国家发展改革委印发《生态保护红线划定指南》。京津冀、长江经济带和宁夏等 15 个省（区、市）划定方案已获国务院审批。

推进环评改革。开展连云港等 4 个城市“三线一单”试点，印发《“三线一单”编制技术指南（试行）》。修订《建设项目环境影响评价分类管理名录》，出台《建设项目竣工环境保护验收暂行办法》《建设项目环境影响登记表备案管理办法》，印发《关于做好环境影响评价制度与排污许可制衔接相关工作的通知》。实行全国环评审批“四级联网”信息报送。

此外，中央办公厅、国务院办公厅印发《生态环境损害赔偿制度改革方案》。深化“放管服”改革，2 项部本级审批和 3 项中央指定地方实施审批的事项，经国务院常务会审议后取消，取消核安全技术审评费等 5 项行政事业性收费，积极推动排污费改税和排污交易试点工作。

……

## 三、打好污染防治攻坚战的总体考虑

到 2020 年全面建成小康社会，是我们党向人民作出的庄严承诺。小康全面不全面，生态环境质量是关键。污染防治是全面建成小康社会决胜期的三大攻坚战之一，只能打好，没有退路，必须背水一战。

总体上看，我国生态环境保护仍滞后于经济社会发展，仍是“五位一体”总体布局中的短板，仍是广大人民群众关注的焦点问题。坚决打好污染防治攻坚战，改善环境质量，需要我们继续付出极其艰苦的努力。一是环境污染依然严重。2017 年，全国 338 个地级及以上城市中环境空气质量达标的仅占 29%。部分区域流域水污染仍然较重，各地黑臭水体整治进展不均衡、污水收集能力存在明显短板。耕地重金属污染问题凸显，污染地块再利用环境风险较大，垃圾处置能力和水平还需提高。二是环境压力居高不下。我国产业结构偏重、产业布局不合理，能源结构中煤炭消费仍占 60%，公路货运比例持续增长，经济总量增长与污染物排放总量增加尚未彻底脱钩，污染物排放总量仍居世界前列。生态空间遭受持续挤压，部分地区生态质量和服务功能持续退化的局面仍未扭转。三是环境治理基础仍很薄弱。一些地方，特别是县区级党委、政府及其有关部门，包括生态环境监管部门在内，对绿色发展认识不高、能力不强、行动不实，重发展轻保护的现象依然存在。企业环保守法意识不强，环境违法行为时有发生。公众对优美生态环境的需要日益增长，但自觉主动参与的行动意愿仍不够。

同时，我国生态环境问题是长期形成的，现在到了有条件不破坏、有能力修复的阶段，打好污染防治攻坚战面临难得机遇。一是以习近平同志为核心的党中央高度重视，尤其是习近平总书记率先垂范、亲力亲为，走到哪里，就把对生态环境保护的关切和叮嘱讲到哪里，为打好污染防治攻坚战提供了重要思想指引和政治保障。二是全党全国贯彻绿色发展理念的自觉性和主动性显著增强，加大污染治理力度的群众基础更加坚实，为打好污染防治攻坚战创造了很好条件。三是我国进入后工业化和高质量发展的阶段，更加重视发展的质量和效益，而不再追求发展的速度，绿色循环低碳发展深入推进，为改善生态环境创造了有利的宏观经济环境。四是改革开放以来40年的不断发展与积累，为解决当前的环境问题提供了更好的、更充裕的物质、技术和人才基础。五是生态文明体制改革红利正在逐步释放，为生态环境保护增添了强大动力。

未来三年，打好污染防治攻坚战，标志是使主要污染物排放总量大幅减少、生态环境质量总体改善、绿色发展水平明显提高。重中之重是打赢蓝天保卫战，进一步明显降低PM2.5浓度，明显减少重污染天数，明显改善大气环境质量，明显增强人民的蓝天幸福感。同时，也要在饮用水水源地安全保障、城市黑臭水体治理、固体废物处理处置、污染地块风险管控、自然保护区建设管理等方面，打几场扎扎实实富有成效的歼灭战。具体而言，要努力实现三大目标、突出三大领域、强化三大基础。

（一）实现三大目标，确保生态文明水平与全面建成小康社会目标相适应。在推动绿色发展方面，到2020年，节约资源和保护生态环境的空间格局、产业结构、生产方式、生活方式加快形成，绿色低碳循环水平大幅提升。在改善生态环境质量方面，根据“十三五”生态环境保护规划，初步考虑是，到2020年，全国未达标城市PM2.5平均浓度比2015年降低18%以上，地级及以上城市优良天数比例达到80%以上；全国地表水I—III类水体比例达到70%以上，劣V类水体比例控制在5%以内；受污染耕地安全利用率达到90%左右，污染地块安全利用率达到90%以上；生态红线占比控制在25%左右，自然保护区数量和面积稳中有升，生态系统稳定性增强，生态安全屏障基本形成。在国家生态环境治理体系和治理能力现代化方面，建立健全生态环境保护领导和管理体制、激励约束并举的制度体系、政府企业公众共治体系，显著增强综合管理、执法督察、社会服务能力，大幅提升专业素质和保障支撑水平。

（二）突出三大领域，全力解决突出环境问题。一是坚决打赢蓝天保卫战。制定打赢蓝天保卫战三年作战计划，确定具体战役，集中优势兵力，一个战役接着一个战役打，确保3年取得更大成效。从地域看，要以京津冀及周边、长三角、汾渭平原等重点区域为主战场，强化区域联防联控。从主要措施看，要协调有关部门加快产业结构、能源结构和交通运输结构调整，狠抓秋冬季重污染天气应对。

坚决调整产业结构。持续淘汰落后产能。加快城市建成区内重污染企业搬迁改造。全面推进“散乱污”企业及集群综合整治。将所有固定污染源纳入环境监管，对重点工业污染源全面安装烟气在线监控，明确无证排污和排放不达标企业最后改正时限，逾期依法一律关停。在重点区域实施大气污染物特别排放限值。全面完成燃煤机组超低排放改造，积极推动钢铁等行业超低排放改造。

加快能源结构调整。以居民家用散煤和中小型燃煤设施为重点，加快推进以电代煤、以气代煤，重点区域基本淘汰35蒸吨以下燃煤锅炉和中小型煤气发生炉，重点区域的平原地区基本实现散煤“清零”。加大气源电源保障力度，新增天然气优先用于煤改气。加大散煤治理财政补贴和价格支持力度。加大高排放、污染重的煤电机组淘汰力度，积极发展非化石能源，增强清洁能源供应保障能力。继续推进实施重点区域和重点城市煤炭消费总量控制，新建项目实行煤炭减量替代。

加快交通运输结构调整。加快推进多式联运，提高铁路货运和沿海港口集装箱铁路集疏港比例。重点区域提前实施机动车国六排放标准，建立“天地车人”一体化的机动车排放监控系统。对高排放车辆进行全天候、全方位实时监控，严厉打击柴油货车超标排放。加快淘汰老旧汽车和非道路移动工程机械、农业机械和船舶，鼓励新能源运输车辆、船舶的推广使用。严厉打击生产、销售、使用非标车（船）用燃料行为，彻底清除黑加油站点。

狠抓重污染天气应对。进一步完善环境空气质量预测预报体系，推进区域预测预报能力建设。在采暖季节对重点行业企业实行差异化的错峰生产，切实减轻秋冬季污染负荷。完善重污染天气应急预案，修订启动标准，压实应急减排清单措施，实施区域应急联动，力争使重污染过程缩时削峰。

同时，要开展道路、建筑工地、企业料场、露天矿山等扬尘污染综合整治。加强对秸秆禁烧监管，提高秸秆综合利用率。

二是着力开展清水行动。坚持山水林田湖草系统治理，深入实施新修改的水污染防治法，会同有关部门坚决落实《水十条》，扎实推进河长制湖长制实施，确保污染严重水体较大幅度减少，饮用水安全保障水平持续提升。

有效保障饮用水安全。强化饮用水水源地保护日常管理，深入推进集中式饮用水水源保护区划定和规范化建设，依法清理整治水源保护区内违规项目和违法行为。

打好城市黑臭水体歼灭战。基本消除地级及以上城市建成区黑臭水体，加强城市初期雨水收集处理，推进城镇和工业园区污水处理设施建设与改造。

加强江河湖库和近岸海域水生态保护。加强入河入海排污口排查和整治，将河湖及其生态缓冲带划为水环境优先保护区，依法落实管控措施。在重要排污口下游等区域因地制宜建设人工湿地水质净化工程。加强陆海统筹，实施近岸海域综合治理。

全面整治农村环境。贯彻乡村振兴战略，推进农村环境综合整治，确保实现“十三五”期间新增完成13万个建制村环境综合整治的目标任务；开展纳污坑塘专项排查和整治；推动农业面源污染治理，疏堵结合，以堵促疏，促进秸秆和畜禽粪污资源化利用；在重点河湖加快淘汰投饵投肥等破坏生态环境的养殖方式。

三是扎实推进净土行动。推动有关部门和地方政府全面实施《土十条》，以重金属污染突出区域农用地以及拟开发为居住和商业等公共设施的污染地块为重点，强化土壤污染风险管控，确保农产品质量和人居环境安全。

保障农用地和建设用地安全。加快推进土壤污染状况详查，开展重点地区工矿企业重金属污染耕地风险排查整治；开展受污染耕地安全利用与治理修复，严格管控重度污染耕地，推进种植结构调整和退耕还林还草；建立污染地块动态清单和联动监管机制，强化污染地块风险管控和治理修复，加快建设全国土壤环境管理信息系统，实施建设用地土壤环境调查评估和准入管理。

强化固体废物污染防治。加快调整进口固体废物管理目录，尽早实现固体废物基本零进口，严厉打击洋垃圾走私；提高危险废物处置能力和相关机构规范化运营水平，实施危险废物收集运输处置全过程监管，严厉打击非法转移、倾倒和利用处置等违法犯罪活动。

加快推进垃圾分类处置。实现所有城市和县城具备无害化处理能力；加快垃圾分类处理系统建设。推进农村垃圾就地分类、资源化利用和处置，建立农村有机废弃物收集、转化、利用网络体系。

（三）强化三大基础，助力污染防治攻坚战圆满成功。统筹当前和长远、坚持标本兼治，联合有关部门着力抓好三个方面的工作，助力污染防治攻坚战高效推进。

一是推动形成绿色发展方式和生活方式。全面优化产业布局，加快调整产业结构。发展壮大节能环保等战略性新兴产业和现代服务业，推动建立健全绿色低碳循环发展的经济体系。推进能源生产和消费革命，构建清洁低碳、安全高效的能源体系。推进资源全面节约和循环利用，大幅降低重点行业和企业能耗、物耗。倡导简约适度、绿色低碳的生活方式，反对奢侈浪费和不合理消费。

二是加快生态保护与修复。在推动减排的同时，要努力为生态环境扩容。划定并严守生态保护红线，实现一条红线管控重要生态空间。实施生态系统保护和修复重大工程，构建生态廊道和生物多样性保护网络，推进生物遗传资源立法。加强自然保护区建设和管理。深入推进山水林田湖草生态保护修复工程试点，推动耕地草原森林河流湖泊休养生息。在城市功能疏解、更新和调整中，将腾退空间优先用于留白增绿。健全管理制度和监管机制，保障生态系统原真性、完整性。

三是构建完善环境治理体系。改革生态环境监管体制，健全生态环境监管机制，严格环境质量达标管理。将环境保护督察向纵深推进，不断提高督察效能。加快推进排污许可制度，逐步提高污染物排放标准。稳定增加环保投入，完善绿色金融体系，推进社会化生态环境治理和保护，建立市场化、多元化生态补偿机制，实行生态环境损害赔偿制度。加快建立绿色生产和消费的法律制度和政策导向，加强行政执法与刑事司法衔接，推进环境执法规范化建设，坚决制止和惩处破坏生态环境行为。构建市场导向的绿色技术创新体系，深入开展大气、水和土壤等重大环境问题成因与治理科技攻关。加快人才队伍规范化、标准化和专业化建设。加强国际对话交流与务实合作。

## 四、2018 年工作安排

……

（四）加大生态系统保护力度。完成所有省份生态保护红线划定，研究制定《生态保护红线管理暂行办法》，开展国家生态保护红线监管平台试运行。优先将生态保护红线比例高的县域纳入重点生态功能区转移支付范围。完成全国生态状况变化（2010—2015 年）调查与评估。新建一批国家级自然保护区。推进建立以国家公园为主体的保护地体系。积极筹备《生物多样性公约》第 15 次缔约方大会。推进“绿水青山就是金山银山”实践创新基地建设，启动第二批国家生态文明建设示范市县创建，开展第二届中国生态文明奖表彰。

……

（六）强化环境执法督察。深入推进环保督察。开展第一轮中央环保督察整改情况“回头看”。针对污染防治攻坚战的关键领域，组织开展机动式、点穴式专项督察。推进环境保护督察制度化建设。全面开展省级环保督察，基本实现地市督察全覆盖。

严格环境执法监管。开展重点区域大气污染综合治理攻坚、落实《禁止洋垃圾入境推进固体废物进口管理制度改革实施方案》、打击固体废物及危险废物非法转移和倾倒、垃圾焚烧发电行业达标排放、城市黑臭水体整治及城镇和园区污水处理设施建设、集中式饮用水水源地环境整治、“绿盾”国家级自然保护区监督检查等 7 大专项行动，作为全面打响污染防治攻坚战的标志性工程。继续开展环境执法大练兵。强化执法队伍能力建设，提高执法人员素质。加强基层环境执法标准化建设，统一执法人员着装，提高执法机构硬件装备水平。推动移动执法系统建设与应用，实现国家、省、市、县四级现场执法检查数据联网。

（七）深化环保领域改革。健全完善生态环境监测网络。切实保障地表水国考断面水质“采测”分离机制有效实施，并加快自动站建设，实行第三方运维、全国数据联网。加快重点区域空气质量预测预报能力建设，完善“2+26”城市大气颗粒物化学组分分析网和光化学监测网。在全国范围内推动开展环境空气和固定污染源VOCs监测。完善国家土壤环境监测网。推进环境统计改革，保障环境统计数据质量。

加快推进排污许可制改革。发布汽车制造等12个行业排污许可证申请与核发技术规范，完成石化等6个行业许可证核发。按照核发一个行业、清理一个行业、规范一个行业、达标排放一个行业的思路，开展固定污染源清理整顿和钢铁、水泥等15个行业执法检查，对无证和不按证排污企业实施严厉处罚。

落实好各项改革方案。全面推开省以下环保机构垂直管理制度改革，开展设置京津冀大气机构试点，提出推进按流域设置环境监管和行政执法机构工作的指导意见。推进在全国试行生态环境损害赔偿制度。做好第二批、第三批禁止进口固体废物目录调整，强化进口废物监管，坚决禁止洋垃圾入境。深入推进“放管服”改革，加快推进行政许可标准化。

完善环境经济政策。深化排污权交易试点，发展排污权交易二级市场。推进政府和社会资本合作、环境污染第三方治理等模式。健全环保信用评价制度，推动建立长江经济带“互认互用”评价结果机制。健全信息强制性披露制度，督促上市公司、发债企业等披露环境信息。推进环境保护综合名录编制。

（本文是2018年2月2—3日李干杰在2018年全国生态环境保护工作会议上的讲话摘录）

# 生态环境部部长李干杰在2019年全国生态环境保护工作会议上的讲话

……

## 一、深入学习贯彻习近平生态文明思想和全国生态环境保护大会精神

2018年是我国改革开放40周年，也是生态文明建设和生态环境保护事业发展史上具有重要里程碑意义的一年，党中央、国务院对加强生态环境保护、提升生态文明、建设美丽中国作出一系列重大决策部署。

2月28日，党的十九届三中全会通过《深化党和国家机构改革方案》，决定组建生态环境部和生态环境保护综合执法队伍。3月11日，十三届全国人大一次会议表决通过宪法修正案，将新发展理念，生态文明和建设美丽中国的要求写入宪法。4月2日，习近平总书记主持召开中央财经委员会第一次全体会议，研究打好污染防治攻坚战的总体思路，明确要打赢蓝天保卫战，打好柴油货车污染治理、城市黑臭水体治理、渤海综合治理、长江保护修复、水源地保护、农业农村污染治理攻坚战等七场标志性重大战役。5月18日至19日，全国生态环境保护大会在北京召开，

习近平总书记出席会议并发表重要讲话，李克强总理在会上作报告，韩正副总理作会议总结。这次大会是我国生态文明建设和生态环境保护发展历程中规格最高、规模最大、影响最广、意义最深的历史性盛会，在中国生态文明建设史上和生态环境保护历程中留下了浓墨重彩的一笔。大会实现了“四个第一次”和取得了“一个标志性成果”。党中央决定召开，是第一次；总书记出席大会并发表重要讲话，是第一次；经会议讨论，会后以中共中央、国务院名义印发加强生态环境保护的重大政策性文件——《关于全面加强生态环境保护　坚决打好污染防治攻坚战的意见》（以下简称《意见》），是第一次；会议名称改为全国生态环境保护大会，是第一次。取得“一个标志性成果”，就是大会确立了习近平生态文明思想，这是大会最大的亮点，是标志性、创新性、战略性的重大理论成果。

习近平生态文明思想是习近平新时代中国特色社会主义思想的重要组成部分，深刻回答了为什么建设生态文明、建设什么样的生态文明、怎样建设生态文明的重大理论和实践问题，集中体现为生态兴则文明兴、生态衰则文明衰的深邃历史观，人与自然和谐共生的科学自然观，绿水青山就是金山银山的绿色发展观，良好生态环境是最普惠的民生福祉的基本民生观，山水林田湖草是生命共同体的整体系统观，用最严格制度保护生态环境的严密法治观，全社会共同建设美丽中国的全民行动观，共谋全球生态文明建设的共赢全球观。

做好新时代生态环境保护工作，最根本的就是要深入学习贯彻习近平生态文明思想和全国生态环境保护大会精神。全国生态环境保护大会召开后，我们印发学习宣传贯彻习近平生态文明思想和全国生态环境保护大会精神方案，通过“三步走”动员部署、“三层级”学习培训、“三维度”宣传报道、“三结合”贯彻落实，推动全国生态环境系统，切实用习近平生态文明思想武装头脑、指导实践、推动工作。31个省（区、市）均召开生态环境保护大会，制定发布落实《意见》的实施意见或行动方案。十三届全国人大常委会专门加开第四次会议，作出《关于全面加强生态环境保护　依法推动打好污染防治攻坚战的决议》。全国政协十三届常委会第三次会议，以“污染防治中存在的问题和建议”为议题建言献策。最高法、最高检、发展改革委、科技部、工业和信息化部、交通部、农业农村部等单位和部门出台相关意见，合力打好污染防治攻坚战。

我们要不断提高政治站位，增强贯彻习近平生态文明思想和全国生态环境保护大会精神的政治自觉、思想自觉和行动自觉，把党中央关于提升生态文明、建设美丽中国的宏伟蓝图变为美好现实，让人民生活在天更蓝、山更绿、水更清的优美生态环境之中。

（一）坚持以党的政治建设为统领，坚决扛起生态环境保护政治责任。政治建设是党的根本性建设，决定党的建设方向和效果。2018 年 7 月，习近平总书记对推进中央和国家机关党的政治建设作出重要指示强调，中央和国家机关首先是政治机关，必须旗帜鲜明讲政治，坚定不移加强党的全面领导，坚持不懈推进党的政治建设。

生态环境保护是一项业务性很强的政治工作，必须将严守政治纪律和政治规矩贯穿生态环境保护工作全过程和各方面。2018 年 11 月，中央办公厅印发《关于秦岭北麓西安境内违建别墅问题的通报》。这是有关党组织和党员领导干部严重违反政治纪律、政治规矩的典型案件。其发生和演变的最重要原因在于，有关地区和领导干部“四个意识”不强，对政治纪律缺乏敬畏、政治规矩意识淡薄，讲政治停留在口头上会议上表面文章上，没有真正落实到行动中。

2018 年，我们研究制定习近平总书记重要指示批示办理和督查工作办法，部领导带队开展回访调研，推动习近平总书记重要批示要求落实到位。我们要以秦岭违建别墅事件为镜鉴，始终把党的政治建设摆在首位，严守政治纪律和政治规矩，自觉同习近平新时代中国特色社会主义思想对标对表，切实把贯彻落实习近平总书记重要指示批示和党中央关于生态环境保护决策部署作为强化“四个意识”、做到“两个维护”、当好“三个表率”、建设模范机关的具体行动，坚决扛起生态环境保护的政治责任，在思想上政治上行动上同以习近平同志为核心的党中央保持高度一致。

（二）坚持新发展理念，协同推进经济高质量发展和生态环境高水平保护。习近平总书记在全国生态环境保护大会上强调，要自觉把经济社会发展同生态文明建设统筹起来，加快形成绿色发展方式和生活方式。在中央经济工作会议上，总书记将加快绿色发展作为我国重要战略机遇期的新内涵。

近年来，随着我国生态环境保护力度不断加大、社会上一些舆情不时炒作生态环境保护影响经济发展，我们必须保持清醒、坚决反对。在主观愿望上，加强生态环境保护不希望影响经济发展。发展和保护是一体的，离开保护的发展是“竭泽而渔”，离开发展的保护是“缘木求鱼”。保护也要依靠发展，发展是解决一切问题的关键，环保也不例外。在客观条件上，加强生态环境保护可以做到总体上不影响经济发展。当前环境保护该干的事、能干的事、易干的事还有很多，做好这些事情一方面有利于推动生态环境质量改善，另一方面又直接促进经济发展。比如开展黑臭水体治理，就是在高质量发展经济；在散煤治理中实施“煤改电”和“煤改气”，也有效拉动了消费和投资，提高了老百姓的生活品质；开展“散乱污”企业治理，推动解决了市场供求关系不健康问题，避免了“劣币驱逐良币”，促进了产业结构转型升级等。在实际结果上，生态环境保护也没有影响经济发展。根据对有关数据和案例的深入分析，污染治理可能会对局部经济发展有一些影响，但是总体上对投资和消费是拉动，对市场是促进，有利于供求关系的正常和健康，使得发展的质量和效益更好。

我们要坚定不移贯彻绿色发展理念，进一步发挥生态环境保护的倒逼作用，加快推动经济结构转型升级、新旧动能接续转换，在高质量发展中实现高水平保护、在高水平保护中促进高质量发展。

（三）坚持以人民为中心，打好打胜污染防治攻坚战。习近平总书记强调，生态环境是关系党的使命宗旨的重大政治问题，也是关系民生的重大社会问题。人民群众对优美生态环境需要已经成为我国社会主要矛盾的重要方面。

党的十八大以来，在以习近平同志为核心的党中央坚强领导下，我国生态文明建设从实践到认识发生了历史性、转折性、全局性变化，人民群众生态环境获得感、幸福感、安全感有所增强。但我们也要清醒地看到，几十年积累的生态环境问题依然十分严重。老百姓渴望蓝天白云、繁星闪烁，渴望清水绿岸、鱼翔浅底，渴望吃得放心、住得安心，渴望鸟语花香、田园风光的自然美景，热切期盼加快改善生态环境质量。

我们要坚持把人民对美好生活的向往作为我们的奋斗目标，把解决突出的生态环境问题作为民生优先领域，积极回应人民群众所想、所盼、所急，坚决打好污染防治攻坚战，增加优质生态产品供给，不断满足人民日益增长的优美生态环境需要。

（四）坚持全面深化改革，推动生态环境治理体系和治理能力现代化。改革开放的40年，是生态环境保护认识不断深化、制度体系不断健全、体制机制不断完善、治理能力不断增强、工作力度不断加大的40年。正如习近平总书记在庆祝改革开放40周年大会上指出的，“我们始终坚持保护环境和节约资源，坚持推进生态文明建设……中国人民生于斯、长于斯的家园更加美丽宜人!”

面向新时代，全国生态环境保护大会提出，加快构建生态文明体系。《意见》要求，深化生态环境保护管理体制改革，完善生态环境管理制度，加快构建生态环境治理体系，大幅提升治理能力。这为进一步深化生态环境保护改革指明了方向。

我们要以改革开放40周年为新起点，大力弘扬改革开放精神，全面完成好生态环境保护领域各项改革任务，加快建立健全以生态价值观念为准则的生态文化体系、以产业生态化和生态产业化为主体的生态经济体系、以改善生态环境质量为核心的目标责任体系、以治理体系和治理能力现代化为保障的生态文明制度体系、以生态系统良性循环和环境风险有效防控为重点的生态安全体系，综合运用法治、经济、科技、市场手段和必要的行政办法，严格依法依规加大生态环境督察执法力度，推动实现从经济、政治、社会、文化建设各领域各环节的全方位，从天空到地面、从山顶到海洋的全地域和源头严防、过程严管、后果严惩的全过程生态环境保护建设。

（五）坚持不断改进工作作风，加快打造生态环境保护铁军。建设一支政治强、本领高、作风硬、敢担当，特别能吃苦、特别能战斗、特别能奉献的生态环境保护铁军，是习近平总书记和党中央对生态环境保护队伍建设的谆谆嘱托和殷切期望。打好污染防治攻坚战这场大仗、硬仗和苦仗，必须要有一支作风过硬的铁军队伍。抓队伍作风建设，既是贯彻全面从严治党的必然要求，也是打造生态环境保护铁军的内在要求。

一年来，党中央就加强干部队伍作风建设特别是集中整治“四风”作出一系列新部署。习近平总书记多次作出重要指示批示，在十九届中央纪委三次全会上强调，要把刹住“四风”作为巩固党心民心的重要途径，把力戒形式主义、官僚主义作为重要任务，对享乐主义、奢靡之风等歪风要露头就打。此前，中央纪委办公厅专门印发工作意见，全面启动集中整治形式主义、官僚主义工作。这些充分表明了党中央坚定不移全面从严治党、持之以恒正风肃纪的鲜明态度和坚定决心。

当前，生态环境系统仍然还存在表态多调门高、行动少落实差等形式主义和官僚主义新表现，不思进取、不敢担当、不接地气、不抓落实等突出问题依然存在，甚至在某些地方还比较严重，对生态环境保护队伍的公信力、执行力和战斗力危害很大，是打造生态环境保护铁军的大敌，是影响党中央重大决策部署贯彻落实的大敌。我们要全面加强作风建设，以更大的决心、下更大的气力、采取更有针对性的措施，惩治、教育、制度并重，根治影响干部队伍的作风顽疾，加快打造生态环境保护铁军，为打好打胜污染防治攻坚战铸牢队伍保障和纪律保障。

## 二、2018年工作进展

……

（二）强化改革创新，扎实推进生态环境治理体系和治理能力现代化。有序推进生态环境保护机构改革。坚持提高政治站位、顾全大局，坚决贯彻落实党中央、国务院关于机构改革的决策部署，顺利完成生态环境部组建工作，整合7部门相关职责，统一行使生态和城乡各类污染排放监管和行政执法职责，加强政策规划标准制定、监测评估、监督执法、督察问责“四个统一”，实现职能上的“五个打通”和“一个贯通”。加强内设机构设置，部机关内设机构由19个增至23个，增加近五分之一；行政编制由391人增至516人，增加近三分之一。加强业务支撑能力建设，将6个区域督察局写入“三定”规定，划入国家气候中心、国家海洋环境监测中心、七大流域水资源保护局和农业农村部部分事业编制。统筹设置流域海域生态环境监管机构和组建土壤与农业农村生态环境监管技术中心。31个省（区、市）均挂牌成立生态环境厅（局）。配合中办、国办印发深化生态环境保护综合行政执法改革的指导文件，编制生态环境保护综合行政执法事项指导目录，拟整合生态环境保护执法事项303项，其中新划入国土、水利、林业等部门执法事项46项。经中央批准，在全国推开省以下生态环境机构监测监察执法垂直管理制度改革。

进一步深化“放管服”改革。出台生态环境领域进一步深化“放管服”改革15项重点举措。深化环评审批改革，取消“建设项目环境影响评价技术服务机构资质认定”行政许可事项，简化35类项目的环评文件类别。主动加强与有关部门沟通协调，建立国家重大项目、地方重大项目、利用外资项目等三个台账，做好项目审批服务，完善绿色通道，重大基础设施类项目审批用时比法定时限压缩一半。全国完成21.6万个项目环评审批，总投资额超过 26 万亿元。加强环境影响评价制度与排污许可制衔接，出台《排污许可管理办法（试行）》，累计完成 18 个行业 3.9 万多家企业排污许可证核发，提前一年完成 36 个重点城市建成区污水处理厂排污许可证核发。加快推动货运车辆“三检合一”改革，进一步降低企业成本。出台《禁止环保“一刀切”工作意见》《关于进一步强化生态环境保护监管执法的意见》等文件，营造公平竞争的市场环境。印发《关于生态环境保护助力打赢精准脱贫攻坚战的指导意见》《生态环境部定点扶贫三年行动方案（2018—2020 年）》，加大定点扶贫和行业扶贫力度。

强化生态环境保护督察。研究制定《中央生态环境保护督察工作规定》，按程序已报送党中央，拟由中央全面深化改革委员会审议。分两批对河北等 20 个省（区）开展中央生态环境保护督察“回头看”，公开通报 103 个敷衍整改、表面整改、假装整改的典型案例，推动解决 7 万多个群众身边的生态环境问题。在“回头看”期间，围绕污染防治攻坚战和其他重点领域，统筹安排专项督察。针对一些地区和企业存在的突出生态环境问题，开展机动式、点穴式专项督察。推动督察问责，促进落实生态环境保护“党政同责、一岗双责”。就污染防治工作不力等问题，公开约谈 32 个地区和有关部门负责同志。各省（区、市）在做好中央生态环境保护督察整改工作的同时，基本实现地市督察全覆盖。

严格生态环境保护执法。积极配合全国人大常委会做好大气污染防治法、海洋环境保护法执法检查工作。全国实施行政处罚案件 18.6 万件，罚款数额 152.8 亿元，同比增长 32%，是新环境保护法实施前 2014 年的 4.8 倍。落实环境保护行政执法与刑事司法（以下简称“两法”）衔接制度，与公安部、最高检联合挂牌督办、现场督导大案要案。湖南、甘肃出台“两法”衔接工作实施细则。持续组织开展全国环境执法大练兵活动，评选 10 个表现突出组织单位、90 个表现突出集体、100 个表现突出个人。山东、兵团等开展现场比武、实战演练活动，浙江、福建等省对表现突出集体和个人给予记功奖励。

加快完善生态环境监测体系。圆满完成1881个国家地表水水质自动站新建和改造工作，江西省水站建设进度全国第一。水质自动站和“国家生态环境监测”标识成为地方水环境管理的亮丽风景线。顺利完成空气质量自动监测状态转换。将空气质量排名范围扩至169个城市，定期发布空气质量及改善幅度相对较好和较差城市名单。开展2500个土壤背景点监测。联合农业农村部印发《国家土壤环境监测网农产品产地土壤环境监测工作方案（试行）》。印发《生态环境监测质量监督检查三年行动计划(2018—2020年)》，查处通报山西省临汾市环境空气自动监测数据造假案和多起喷淋人为干扰案例。

完善法律法规标准体系。土壤污染防治法出台实施。固体废物污染环境防治法修订草案已报请国务院审议。加快“放管服”改革相关法律修改，推动环境影响评价法完成修订并实施。发布《环境影响评价公众参与办法》等5项部门规章。会同司法部组织31个省（区、市）和国务院30多个部门完成1.1万余件生态环境保护法规、规章和规范性文件清理。制定3项国家环境质量标准、10项国家污染物排放（控制）标准及配套的监测方法标准等144项标准，现行有效国家环境保护标准达1970项。29个省份印发《生态环境损害赔偿制度改革实施方案》。

持续推进基础能力建设。高分五号卫星成功发射。加强生态环境信息化建设，实现部系统254个在用生态环境信息系统接入生态环境云平台运行；将部属单位共40家门户网站接入网站群管理系统，实现集约化管理；推动实现远程办公，将部机关内网平台公文管理系统非涉密公文迁移到业务专网运行；除3项涉密或即将取消，我部31项审批事项全部实现“一网通办”。扎实推进第二次全国污染源普查，清查建库、入户调查工作总体进展顺利。

……

## 四、2019年工作安排

……

（九）大力推进生态环境保护督察执法。要推动出台中央生态环境保护督察工作规定。启动第二轮中央生态环境保护督察，对省（区、市）党委和政府、国务院有关部门以及中央企业开展督察，力争四年内完成全覆盖及“回头看”。统筹安排重点区域大气污染防治、集中式饮用水水源地环境保护、渤海入海排污口排查整治、长江入河排污口排查整治、打击固体废物及危险废物严重违法行为、“绿盾”自然保护区监督检查等强化监督工作。系统构建全过程、多层级生态环境风险防范体系，积极做好垃圾焚烧发电等重点领域环境社会风险防范工作，妥善应对突发环境事件。

（十）深化生态环境领域改革。要继续抓好已出台改革方案落地。进一步深化“放管服”改革，持续推进简政放权，强化事中事后监管。修订我部审批环评建设项目目录，推动地方优化分级审批管理，落实取消环评资质法律要求。加快推进重点行业排污许可证核发，部署开展“发一个行业、清一个行业”清理整顿，制定排污许可与环评、执法衔接工作方案。深入推进生态环境保护综合行政执法改革、省以下生态环境机构监测监察执法垂直管理制度改革。继续推进在全国试行生态环境损害赔偿制度。健全环保信用评价和信息强制性披露制度。推动实施河长制湖长制。制定实施湾长制的指导意见。研究制定入河、入海排污口管理改革指导意见。

（本文是2019年1月18日李干杰在2019年全国
生态环境保护工作会议上的讲话摘录）

附录 4

# 围绕“4 个突出问题” 推进环保机构监测监察执法垂直管理制度改革

## ——访环境保护部副部长李干杰

中共中央办公厅、国务院办公厅近日印发了《关于省以下环保机构监测监察执法垂直管理制度改革试点工作的指导意见》（以下简称《意见》），这标志着省以下环保机构监测监察执法垂直管理制度改革正式启动。这一广受关注的改革将如何进行？又将带来哪些变化？记者就此专访了环境保护部副部长李干杰。

### 重点解决“4 个突出问题”

**问：** 实施本次改革有何重要意义？

**李干杰：** 实行省级以下环保机构监测监察执法垂直管理制度，是党中央站在全局的高度作出的安排部署，是我国生态文明制度的一项重大改革，是对我国环保管理体制的重大调整，也是“十三五”时期必须高度重视并切实推动完成的一项重点工作。

我国现行以块为主的地方环保管理体制存在“4 个突出问题”：一是

难以落实对地方政府及其相关部门的监督责任，二是难以解决地方保护主义对环境监测监察执法的干预，三是难以适应统筹解决跨区域跨流域环境问题的新要求，四是难以规范和加强地方环保机构队伍建设。

本次改革坚持问题导向和目标导向，通过改革环境治理基础制度，可以实现“4个有利于”：一是有利于解决“4个突出问题”，二是有利于环保责任目标任务明确、分解及落实，三是有利于调动各方面积极性形成合力，四是有利于环境保护新老体制平稳过渡。

建立健全垂直管理这一环境保护基础制度，将为落实《大气污染防治行动计划》《水污染防治行动计划》《土壤污染防治行动计划》提供坚强的体制保障，对统筹推动“五位一体”总体布局和协调推进“四个全面”战略布局，具有重大而深远的意义。

## 关键路径：两个加强、两个聚焦、两个健全

**问**：本次改革的关键路径是什么？各地如何抓好“落地”？

**李干杰**：《意见》提出了“两个加强、两个聚焦、两个健全”的环保垂直管理制度改革关键路径。

两个加强是指加强地方党委政府及其相关部门环保责任的明确和落实，加强对地方党委政府以及相关部门环保责任落实的监督检查和责任追究；两个聚焦是指省级环保部门聚焦生态环境质量监测和环境监察，市（地）县两级聚焦环境执法；两个健全是指建立健全议事协调机制，建立健全信息共享机制。

动体制、动机构、动人员，牵一发而动全身。《意见》要求各试点省份要按照意见精神和要求，实事求是、解放思想、善于创新、积极稳妥推进，推动地方改革实施方案研究编制和试点工作。

一是各试点省市党委政府要负总责，各省级政府制定实施改革方案，落实责任，细化改革举措，落实配套政策，把《意见》落实为好的施工图。二是试点省份要高度关注机构编制、划转安置、待遇保障等与干部职工利益密切相关的问题，扎实做好干部职工思想稳定工作，处理好整体和局部、个人和系统之间的关系。三是试点省份务必在2017年6月底前完成改革任务，环保部和中央编办将及时总结试点经验，加强指导督促。

## 破解难题：解决执法地方保护主义和跨区域环境问题

**问：**长期以来，地方保护主义对环境监测执法干预是环保工作的一个难题，《意见》对该问题的解决有什么新举措？

**李干杰：**《意见》力图从三个层面破解地方干预问题。

首先从体制设计上解决干预。一是省级环保部门直接管理市（地）级环境监测机构，确保生态环境质量监测数据真实有效。二是市（地）级统一管理行政区域内的环境执法力量，依法独立行使执法权，执法重心实现下移，强化查企。

其次从人财物保障上解决干预。一是驻市（地）环境监测机构的人财物管理在省级环保厅（局），市（地）无任何支配权。二是县级环保机构以及监测执法机构的人财物管理在市级环保局，县级无任何支配权。

最后从领导干部管理权限上解决干预。《意见》在领导干部管理上，既有遵循，也有创新。省级环保部门主管所有市（地）环保局长，以及驻市（地）环境监察和监测机构人员，调控能力明显增强。

**问：**跨区域、跨流域环境问题长期以来一直是我国环保工作的难题，本次改革是如何考虑的？

**李干杰：**《意见》对这个问题做了统筹考虑，提出加强跨区域跨流域环境管理，整合设置市辖区环境监测和执法机构，推行区域流域统一监测执法。同时，《意见》鼓励按流域设置环境监管和行政执法机构、跨地区环保机构，加强跨区域跨流域环境污染联防联控。

具体而言，主要包括三个方面的内容。一是要求试点省区市积极探索按流域设置环境监管和行政执法机构、跨地区环保机构，有序整合不同领域、不同部门、不同层次的监管力量。二是试点省区市，省级环保部门牵头建立健全区域协作机制，推行跨区域跨流域环境污染联防联控，加强跨区域流域联合监测、联合执法、交叉执法，来推动跨区域跨流域环境问题解决。三是鼓励市（地）级党委政府在全市域范围内按照生态环境系统完整性实施统筹管理，统一规划、统一区划、统一标准、统一环评，整合设置跨市辖区的环境执法和环境监测机构。

## 三个方面着力补齐机构和队伍短板

**问**：*规范和加强地方环保机构队伍建设也是此次改革的重要内容，《意见》是如何考虑的？*

**李干杰**：地方环保机构队伍长期存在着环保机构和人员身份编制问题难以解决、环保队伍专业化水平不够等问题，这是搞好环境保护工作的基础。《意见》对规范和加强地方环保机构队伍建设非常重视，明确提出要统筹解决好体制改革涉及的环保机构编制和人员身份问题，加快出台环保监测监察执法标准化建设的规范性文件，从三个方面着力补齐机构和队伍的短板。

一是规范机构人员性质，确保履责需要。要求地方结合事业机构改革，将目前还是事业性质、使用事业编制的县环保局逐步转化为行政单位。规范设置事业单位性质的环境执法机构，环境执法机构列入政府执法部门序列，环境执法人员统一着装，环境执法的统一性、权威性、有效性将得到大幅度提高。《意见》还特别对乡镇环保机构建设提出了具体要求，要求建立乡镇的环境保护专兼职机构，确保责有人负、事有人干。

二是加强队伍建设，提高专业化水平。省市县三级环保部门优化职能聚焦做好主业，妥善处理好人员划转安置问题，合理调整、优化配置以实现人事相符，大力加强队伍培训，实行行政执法人员持证上岗和资格管理制度，不断提高人员综合素质和能力水平，提升生态环境治理能力。

三是夯实能力基础，提高环境管理效能。全面推进环保监测、监察、执法能力标准化建设，配备环境执法调查取证、移动执法等装备，实行环境监测与执法测管协同，建立运行大数据平台提高信息化水平和共享水平，加强协作协调联动，确保顺畅高效。

（新华社，2016 年 9 月 23 日）

附录 5

# 深入推进生态环境保护综合行政执法改革为打好污染防治攻坚战保驾护航

李干杰[①]

近日，中共中央办公厅、国务院办公厅印发《关于深化生态环境保护综合行政执法改革的指导意见》（中办发〔2018〕64 号）（以下简称《指导意见》）。《指导意见》以习近平新时代中国特色社会主义思想为指导，立足党和国家事业发展全局，适应我国发展新的历史方位，顺应人民群众对美好生活的向往，对生态环境保护综合行政执法改革作出全面规划和系统部署，是打造生态环境保护执法铁军、推进我国生态环境治理体系和治理能力现代化建设的纲领性文件。

## 充分理解《指导意见》的重要意义

《指导意见》是党中央、国务院首个专门部署生态环境保护执法工作的政策文件，体现了党中央、国务院对生态环境保护执法的高度重视，对

① 李干杰：生态环境部党组书记、部长。

于破解当前体制机制障碍、促进生态环境保护事业发展具有重大而深远的意义。

深化生态环境保护综合行政执法改革，是立足当前、着眼未来，打好污染防治攻坚战、建设美丽中国的客观需要。党的十九大明确了新时代中国特色社会主义发展的战略安排，对加强生态文明建设作出重要部署。要实现这些战略目标和任务，高效有力的生态环境执法体系必不可少。当前，生态环境保护执法机构设置和体制保障不够健全、权力制约和监督机制不够完善、职责交叉和权责脱节、基层执法队伍职责与能力不匹配等突出问题亟待解决。深化生态环境保护综合行政执法改革，就是要整合污染防治和生态保护执法职责和队伍，统一实行生态环境保护执法，合理配置执法力量，消除体制机制弊端。改革不仅要立足当前，为打好污染防治攻坚战保驾护航，更要放眼未来，构建服务于建设美丽中国、生态文明全面提升的组织架构和管理体制，形成人与自然和谐发展的现代化建设新格局和更加完善的生态文明制度体系。

深化生态环境保护综合行政执法改革，是放管结合、优化服务，完善和发展最严密生态环境法治制度的必然选择。党的十九大要求，坚持厉行法治，严格规范公正文明执法，实行最严格的生态环境保护制度，坚决制止和惩处破坏生态环境行为。党的十九届三中全会要求，完善执法程序，严格执法责任，加强执法监督。深化生态环境保护综合行政执法改革，就是要突出依法行政、依法执法，推进机构、职能、权限、程序、责任的法定化，把全部执法活动纳入法治轨道。就是要适应“放管服”改革要求，加强源头治理、过程管控、末端问责，优化改进执法方式，严格禁止“一刀切”，做到监管有标准、执法有依据、履职讲公平、渎职必追究。就是要以人民为中心，体现人民意志、百姓意愿，切实解决群众关心的生态环境问题，为全面推进依法治国、加快建设法治政府奠定坚实基础。

深化生态环境保护综合行政执法改革，是顺应时代、担负使命，推进国家生态环境治理体系和治理能力现代化的必由之路。党的十八届三中全会要求，独立进行环境监管和行政执法，实行省以下环保机构监测监察执法垂直管理制度，整合组建生态环境保护综合执法队伍。令在必信，法在必行。生态环境保护执法是实施生态环境保护法律法规、依法管理生态环境保护事务的主要途径和重要方式。深化生态环境保护综合行政执法改革，就是要深入贯彻落实习近平生态文明思想，适应我国发展新的历史方位，顺应新事业的发展需要，增能力，提效能，让制度成为刚性的约束和不可触碰的高压线。就是要科学设置机构、优化职能、协同权责、加强监管、高效运行，构建政府为主导、企业为主体、社会组织和公众共同参与的生态环境治理体系，实现生态环境治理能力现代化。

## 准确把握《指导意见》的部署要求

《指导意见》立足国情社情民情，针对当前基层执法中存在的突出问题，提出了加强和改善地方执法的总体要求、重点任务、规范管理和组织实施，要准确领会和把握好《指导意见》精神，促进改革有力有序开展，创新和完善生态环境治理体制。

一要深刻领会改革的总体脉络。《指导意见》提出整合相关部门生态环境保护执法职能、统筹执法资源和执法力量、推动建立生态环境保护综合执法队伍的总体要求，以依法行政体制权责统一、权威高效为目标，以增强执法的统一性、权威性和有效性为重点，坚持党的全面领导、优化协同高效、全面依法行政、统筹协调推进，到 2020 年基本建立职责明确、边界清晰、行为规范、保障有力、运转高效、充满活力的生态环境保护综合行政执法体制和体系。

二要全面落实改革的主要任务。《指导意见》提出职责整合、队伍组建、事权划分三个主要任务，要把握好“三个结合”。职责整合把握好“统与分”的结合，生态环境保护综合执法队伍依法统一行使相关污染防治和生态保护执法职责，相关行业管理部门依法履行生态环境保护“一岗双责”。队伍组建把握好“责与能”的结合，改革中应做到职责整合与编制划转同步实施，队伍组建与人员划转同步操作；全面推进执法标准化建设。事权划分把握好“收与放”的结合，县级生态环境分局上收到设区市，实行“局队合一”，执法重心下移，市县级执法机构承担具体执法事项。

三要着力加强执法的规范管理。《指导意见》提出规范生态环境保护综合行政执法权力和程序、完善监督、强化联动、创新方式等具体改革任务。要全面梳理、规范和精简执法事项，建立权责清单，尽职照单免责、失职照单问责。要全面落实行政执法责任制，加强层级监督、外部监督，坚决排除违规人为干预，确保行政执法权力不越位、不错位、不缺位。要加强生态环境保护与其他领域综合执法队伍间的执法协同，厘清权责边界，强化联动执法，推进信息共享，形成执法合力；健全行政执法与司法衔接机制，加大生态环境违法犯罪行为打击力度。要健全“双随机一公开”监管、重点监管和信用监管等监管机制，推进“互联网＋执法”，积极探索包容审慎监管执法。

## 切实抓好《指导意见》的贯彻落实

深化生态环境保护综合行政执法改革时间紧、任务重、难度大，必须在党中央集中统一领导下，抓好贯彻落实，既要敢于创新，又要稳妥推进。

一是坚持讲政治顾大局守纪律。要把思想和行动统一到党中央的决策部署上来，增强“四个意识”，坚定“四个自信”，做到“两个维护”，发挥党在改革发展稳定大局中的领导核心作用，把党的领导贯穿改革各方面和全过程。要严守机构编制、组织人事、财经工作纪律，决不允许上有政策、下有对策，更不能选择性执行。各级党委和政府要加强领导，压实责任，确保顺利达成改革目标。

二是坚持注重统筹协同。要充分发挥中央和地方两个积极性，统筹推进省以下环保机构监测监察执法垂直管理体制改革、地方机构改革、其他四个领域综合执法改革，统一谋划、统一部署、统一实施，综合考虑机构规格、编制管理、人员配备和执法保障等改革事项，鼓励地方与基层结合实际，因地制宜，积极探索，切实巩固和提升基层政府生态环境监管执法履职能力。

三是坚持稳扎稳打推动实施。要认真落实中央确定的改革方案，做到蹄疾步稳。要加强思想政治工作，对涉及的部门和个人，要耐心细致地做好宣传解读和答疑释惑，做到思想不乱、队伍不散、干劲不减，新老机构和人员平稳接替、尽快到位。要做好改革过渡期间各项工作，相关污染防治和生态保护执法工作仍由原部门和机构承担，确保机构改革和日常工作两不误。

深化党和国家机构改革是一场深刻变革，我们要更加紧密地团结在以习近平同志为核心的党中央周围，全面落实《指导意见》各项要求，努力打造政治强、本领高、作风硬、敢担当，特别能吃苦、特别能战斗、特别能奉献的生态环境保护执法铁军，为打好污染防治攻坚战保驾护航。

（《人民日报》2019年3月20日）

附录 6

# 扎实推进综合行政执法改革

中央编办三局

近日，中共中央办公厅、国务院办公厅先后印发了《关于深化文化市场综合行政执法改革的指导意见》《关于深化农业综合行政执法改革的指导意见》《关于深化市场监管综合行政执法改革的指导意见》《关于深化交通运输综合行政执法改革的指导意见》《关于深化生态环境保护综合行政执法改革的指导意见》5 个综合行政执法改革指导意见（以下简称“5 个《指导意见》”）。现就 5 个《指导意见》出台的背景和过程、改革的总体要求、改革的主要任务等问题解读如下。

## 一、关于 5 个《指导意见》出台的背景和过程

综合行政执法及其改革历来是社会和企业群众高度关注的热点问题。这次深化党和国家机构改革，把深化综合行政执法改革作为一项专门任务加以部署和推进，凸显了这项改革的重要性和紧迫性。党的十九届三中全会通过的《中共中央关于深化党和国家机构改革的决定》《深化党和国家机构改革方案》（以下简称《决定》《方案》）以及 2018 年中央全面深化改革委员会第二次会议审议通过的《关于地方机构改革有关问题的指导意

见》，对深化综合行政执法改革提出明确要求，为推进改革提供了遵循。按照党中央统一部署，市场监管总局、生态环境部、文化和旅游部、交通运输部、农业农村部五部门分别研究起草本领域综合行政执法改革指导意见稿，地方机构专题组负责统筹协调和指导把关。研究起草中，地方机构专题组就五部门起草的综合行政执法改革指导意见稿，征求了中央有关部门和 31 个省（自治区、直辖市）意见，对指导意见稿进行了修改完善，经深化党和国家机构改革协调小组审核同意，并报党中央审定后，以中共中央办公厅、国务院办公厅文件印发。

## 二、关于改革的总体要求

5 个《指导意见》提出，以习近平新时代中国特色社会主义思想为指导，全面深入贯彻党的十九大和十九届二中、三中全会精神，紧紧围绕推进“五位一体”总体布局和协调推进“四个全面”战略布局，深化转职能、转方式、转作风，深入推进综合行政执法改革，为相关领域工作任务和战略目标提供强有力的执法体制机制保障。深化综合行政执法改革要坚持党的全面领导、坚持优化协同高效、坚持全面依法行政、坚持权责一致、坚持统筹协调等原则，确保改革顺利平稳推进。

## 三、关于改革的主要任务

根据《决定》《方案》《关于地方机构改革有关问题的指导意见》和 5 个《指导意见》的部署要求，在深化综合行政执法改革方面，要重点突出完成以下几个方面的改革任务。

一是整合归并执法队伍，切实解决多头执法、多层执法和重复执法问题。《决定》和《方案》提出，按照减少层次、整合队伍、提高效率的原则，大幅减少执法队伍种类，合理配置执法力量；一个部门设有多支执法队伍的，原则上整合为一支队伍；推动整合同一领域或相近领域执法队伍，实行综合设置；对整合组建市场监管等5支综合执法队伍作出具体部署。在整合组建5个领域综合执法队伍的基础上，有条件的可以实行更大范围的综合执法。继续深入推动城市管理等其他跨领域跨部门综合执法。

二是加强对行政处罚、行政强制事项的源头治理，切实解决违规执法、执法扰民问题。《决定》和《方案》明确要求，完善执法程序，严格执法责任，做到严格规范公正文明执法。按照机构改革协调小组办公室要求，地方机构专题组会同司法部对市场监管等5个部门梳理形成的综合执法事项指导目录进行集中审核，并征求了中央有关部门和31个省（自治区、直辖市）的意见。通过全面梳理执法事项，要大力清理取消没有法律法规规章依据的、长期未发生且无实施必要的、交叉重复的执法事项，切实防止执法扰民。

三是探索建立体现综合行政执法特点的编制管理方式，切实解决综合执法队伍管理不规范的问题。《关于地方机构改革有关问题的指导意见》明确提出，要按照统一规范管理的方向，探索建立体现综合行政执法特点的编制管理方式，逐步规范综合执法队伍人员编制管理。

## 四、关于需要重点把握的改革要求

（一）关于省、自治区行政主管部门原则上不设执法队伍。5个《指导意见》提出，省、自治区行政主管部门原则上不设执法队伍，现有事业性质执法队伍要逐步清理消化。法律法规明确由省级承担的执法职责，可结合部门“三定”规定明确由省级主管部门内设机构承担，并以主管部门名义对外开展执法检查活动。个别业务管理有特殊性的领域，如有必要，由省、自治区另行报批。

（二）关于减少执法层级，推动执法力量下沉。5个《指导意见》提出，直辖市综合行政执法体制和层级设置，由直辖市党委按照中央减少多层多头重复执法改革要求，结合实际研究确定。设区市与市辖区原则上只设一个执法层级，市级设置综合执法队伍的，由同级主管部门管理，区级不再承担相关执法责任；区级设置综合执法队伍的，市级主要负责监督指导和组织协调，不再设置综合执法队伍；县（市、区）一般实行“局队合一”体制，地方可根据实际情况探索具体落实形式，压实县级部门对综合行政执法工作和队伍建设的责任，改变重审批轻监管的行政管理方式，把更多行政资源从事前审批转到加强事中事后监管上来。实行“局队合一”体制后，有关县级部门要强化行政执法职能，将人员编制向执法岗位倾斜，同时通过完善内部执法流程，解决一线执法效率问题。乡镇探索逐步实现一支队伍管执法。此外，生态环境保护、农业、文化等领域的指导意见对副省级城市综合行政执法体制和层级设置作了具体规定。

（三）关于规范和精简执法事项。5个《指导意见》提出，全面梳理、规范和精简执法事项，加强对行政处罚、行政强制事项的源头治理，实行执法事项清单管理制度，并依法及时动态调整。凡没有法律法规规章依据的执法事项一律取消，对长期未发生且无实施必要的、交叉重复的执法事项要大力清理，最大限度减少不必要的行政执法事项，切实防止执法扰民。对涉及的相关法律法规规章及时进行清理修订。

此外，各地要按照中央改革要求，聚焦办理量大、企业和群众关注的重点领域重点事项，逐项编制标准化工作规程和操作指南，完善执法程序，严格执法责任。

（四）关于有序整合执法队伍。5个《指导意见》提出，在明确执法机构和人员划转认定标准和程序基础上，按照“编随事走、人随编走”的原则有序整合执法队伍，锁定编制底数。执法队伍不同性质编制目前保持现状，暂不改变，待中央统一明确政策意见后，逐步加以规范。严把人员进口关，严禁将不符合行政执法类公务员管理规范要求的人员划入综合行政执法队伍，严禁挤占、挪用本应用于公益服务的事业编制。按照“老人老办法、新人新办法”的原则，对干部职工工作和福利待遇作出妥善安排，不搞断崖式的精简分流人员。现有使用公益类事业编制的人员，由同级编委连人带编统筹用于解决相关领域的用人用编需求。坚持“凡进必考”，严禁借队伍整合组建之际转“干部”身份。全面清理规范临时人员和聘用人员，严禁使用辅助人员执法。

## 五、关于组织实施

深化综合行政执法改革，总体由地方负主体责任，因为队伍总体上在地方。中央有关部门主要是制定指导意见，统一规范要求。省级党委要结合实际统筹研究制定深化5个领域综合行政执法改革的实施意见，将综合行政执法改革纳入地方机构改革统筹安排，全面贯彻“先立后破、不立不破”原则，抓好贯彻落实和组织实施。在改革调整过程中，要做好工作衔接，保持工作的连续性和稳定性。

（《中国机构改革与管理》2019年第2期）

附录 7

# 全面推进综合行政执法改革<br>努力打造生态环保执法铁军

生态环境部行政体制与人事司

2018 年 12 月 4 日，中共中央办公厅、国务院办公厅印发《关于深化生态环境保护综合行政执法改革的指导意见》（中发办〔2018〕64 号）（以下简称《指导意见》）。《指导意见》是打造生态环境保护执法铁军、推进我国生态环境治理体系和治理能力现代化建设的又一个纲领性文件。

## 一、充分认识《指导意见》出台的重大意义

党的十九届三中全会着眼于党和国家事业发展全局，对深化党和国家机构改革作出具体部署，强调深化行政执法体制改革，统筹配置行政处罚职能和执法资源，相对集中行政处罚权，决定组建生态环境保护综合行政执法队伍。为加强整体谋划，2018 年 3 月，生态环境部正式启动《指导意见》起草工作，历时 8 个月。其间，广泛听取省级党委、人大和政府、相关部委、法学专家以及各级环保部门意见，对一系列重大问题进行深入研究论证。《指导意见》的出台，对加强生态环境治理、保障国家生态安全、

建设美丽中国，具有重大的现实意义和深远的历史意义。

一是习近平新时代中国特色社会主义思想特别是习近平生态文明思想指导引领的具体实践。党的十八大以来，习近平总书记站在坚持和发展中国特色社会主义、实现中华民族伟大复兴中国梦的战略高度，深刻回答了为什么建设生态文明、建设什么样的生态文明、怎样建设生态文明等重大理论和实践问题，系统形成了习近平生态文明思想，成为习近平新时代中国特色社会主义思想的重要组成部分，为加强生态环境保护、打好污染防治攻坚战提供了强大的思想指引和根本遵循。《指导意见》充分体现了党中央、国务院推进生态文明建设和加强生态环境保护的坚强意志和坚定决心，与党中央、国务院生态文明体制改革、党和国家机构改革的目标导向高度一致、充分衔接，是贯彻落实习近平新时代中国特色社会主义思想特别是习近平生态文明思想的具体实践。

二是坚持群众立场聚焦突出问题的客观要求。习近平总书记指出，我国社会主要矛盾已经转化为人民日益增长的美好生活需要和不平衡不充分的发展之间的矛盾。当前，人民群众对优美生态环境的需要已经成为这一矛盾的重要方面，迫切需要强化政府的生态环境保护职能，推动执法更严格、监管更有力、治理更有效，提供更多优质生态产品，回应人民群众所想、所盼、所急。《指导意见》对整合生态环境保护执法职责和队伍作出明确规定，要求将分散的力量集中起来，既克服重复监管，又防止监管空白，实现了一件事情由一支队伍监管，为组建一支凝神聚气、齐心协力、高效履职的生态环境保护综合执法队伍提出了具体路径，将为解决群众反映强烈的突出生态环境问题提供重要基础保障。

三是治理体系和治理能力现代化的必然选择。深化生态环境保护综合行政执法改革，是深化党和国家机构改革的重要任务之一，关系到最严格的生态环境保护制度能否落地，关系到政府能否依法全面履行职能，关系到党中央对生态文明建设和生态环境保护作出的重大部署能否落实。《指导意见》进一步明确了生态环境保护执法体制机制，对加强生态环境保护执法的源头治理、过程管控、末端问责，提高生态环境保护执行力作出制度性安排，既是立足当前，坚决打好污染防治攻坚战、实现生态环境根本好转，也是着眼未来，构建政府为主导、企业为主体、社会组织和公众参与的生态环境治理体系、提升生态环境治理能力现代化的必然选择。

## 二、准确把握生态环境保护执法的职责、队伍整合要求

（一）执法职责整合的基本考量。《指导意见》提出整合环境保护和国土、农业、水利、海洋等部门相关污染防治和生态保护执法职责，主要有两方面的考虑。

一是解决生态环境保护执法的现实问题。长期以来，生态环境执法领域职责交叉、权责碎片化、权责脱节等体制性障碍突出，不同程度存在法律法规规定分散、执法主体分散、执法事项不明确、执法机构人员配置不科学等问题，没有形成完整的体系，导致一些领域衔接不畅、存在盲区，另一些领域则是多头多层重复执法。在这一背景下，集中统一执法显得很有必要。为此，《指导意见》提出有序整合不同领域、不同部门、不同层次的监管力量。根据原相关部门工作职责，具体整合范围坚持污染防治执法和生态保护执法区别对待。在污染防治执法方面，执法事项明确且较为集中，主要集中在环保部门，可适当“分”，部分特定领域仍由有关行业部门负责，尤其是要充分发挥其他综合执法队伍的作用；在生态保护执法方面，执法事项不明确，执法主体过于分散，以“统”为主，是此次整合的重点领域。

二是适应未来生态文明体制的发展需要。生态环境保护综合行政执法

改革应该放眼未来，融入生态文明体制改革、国家生态环境治理体系和治理能力现代化建设的大框架大格局中，积极构建服务于建设美丽中国、生态文明全面提升的组织架构和管理体制，打基础、立支柱、定架构，为推动形成人与自然和谐发展的现代化建设新格局，形成更加完善的中国特色社会主义制度创造有利条件。为此，《指导意见》专门指出生态环境保护执法包括污染防治执法和生态保护执法两方面，并明确了生态保护执法的定义，为今后进一步推动相关领域的综合执法提供依据。同时指出，各地也可结合实际，探索进行更大范围的综合行政执法，为地方改革创新预留了空间。

（二）执法人员要求。长期以来，各级生态环境部门特别是基层生态环境执法队伍薄弱的问题一直较为突出。党的十八大以来，地方环境执法队伍不断壮大，能力建设取得了长足进步。但是客观来说，与爆发式增长的生态环境监管任务和高标准的环境执法要求相比，现有的执法力量仍难以保障履职需要。此次生态环境保护综合执法改革涉及整合多个部门的执法职责，范围较广，加强生态环境执法力量，需要把握两方面要求。

一是要保障生态环境保护综合执法队伍的责任与能力相匹配。《指导意见》对队伍和人员转隶提出了“编随事走，人随编走”的要求。原环境保护部门执法队伍应整体划转，人员、装备、固定资产全部整体划转至综合执法队伍。涉及职责整合的其他部门一般进行部分划转，具体由地方党委政府结合实际研究确定。

二是要加强人员管理，严把进口关。严禁将不符合执法类公务员管理规范要求的人员划入综合执法队伍，严禁挤占、挪用本应用于公益服务的事业编制。对于临时人员和编外聘用人员，因为受执法资格限制，《指导意见》指出将全面清理，严禁使用辅助人员执法。同时要求对干部职工工作和福利待遇做出妥善安排，坚决不能“一刀切”，搞断崖式精简分流人员。对现有公益类事业编制，《指导意见》指出，由同级编委统筹用于解决生态环境保护相关领域用编需求。整合组建综合执法队伍涉及的不同性质编制使用置换等问题，待中央统一明确政策意见后，逐步加以规范。

（三）层级事权划分。为避免“职责同构”、多层重复执法问题，有必要精简执法层级，划分各层级执法队伍事权，突出各自侧重。

一是省、自治区层面。《指导意见》提出省、自治区原则上不设执法队伍，已设立的事业性质执法队伍要进行有效整合，统筹安排，逐步清理消化。同时强调，个别业务管理有特殊性的领域，如确有必要，由省、自治区按程序另行报批。省级生态环境部门需围绕打好污染防治攻坚战的工作要求，加强对市县生态环境保护综合执法队伍的业务指导、组织协调和稽查考核；承担省级执法事项和重大违法案件调查处理，监督指导生态环境保护综合执法队伍建设，制定执法标准规范，开展执法稽查和培训；组织开展交叉执法、异地执法，协调处理重大生态环境问题和跨行政区生态环境问题等职责。

二是设区市层面。按照设区市与市辖区原则上只设一个执法层级的要求，副省级城市、省辖市整合市区两级生态环境保护综合执法队伍，原则上组建市级生态环境保护综合执法队伍。在特别有执法需要的区或偏远的区，可设置派出机构。设区市生态环境保护综合执法队伍承担属地具体现场执法事项，以及所辖区域内执法业务指导、组织协调和考核评价等职能。

三是区县级层面。县级生态环境局与生态环境保护综合执法队伍实行“局队合一”，具体落实形式由地方根据实际情况确定。县级生态环境保护综合执法队伍具体承担属地现场执法事项。在特殊执法需要的区或偏远的区，可设置派出机构。开发区的生态环境保护综合行政执法体制由各地自行确定。

四是直辖市层面。直辖市的行政执法层级配置，由直辖市党委按照减少多层多头重复执法的改革要求，结合实际研究确定。

## 三、不断完善执法队伍运行机制和制度设计

（一）理顺生态环境部门、相关行业管理部门与综合执法队伍三者间关系。一是生态环境部门是生态环境保护综合行政执法工作的责任主体，生态环境保护综合执法队伍是生态环境部门的一部分，以同级生态环境部门的名义执法，统一行使污染防治、生态保护、核与辐射安全的行政处罚权以及与行政处罚相关的行政检查、行政强制权等执法职能。

二是理顺生态环境保护综合执法队伍与相关行业管理部门的权责关系。相关行业管理部门划转生态环境保护领域执法职能后，不再行使相关领域执法权，不再保留生态环境保护相关执法队伍。相关行业管理部门应依法履行生态环境保护“一岗双责”，积极支持生态环境保护综合执法队伍履行执法职责，在监管中发现环境污染和生态破坏行为的，应及时将案件线索移交生态环境保护综合执法队伍，由其依法立案查处。

三是加强生态环境保护综合执法队伍与其他综合执法队伍之间的执法协同。建立信息共享和大数据执法监管机制，加强执法协同，降低执法成本，形成执法合力，减少对市场主体的干扰。在专业技术要求适宜、执法频率高、与群众生产生活密切相关的领域，鼓励各地结合实际，积极探索实行跨领域跨部门综合执法。

（二）完善执法队伍管理制度。改革后，生态环境保护综合执法队伍职责大幅增加，为保障职责与能力相匹配，除组织机构和人员编制的调整外，还需要注重强化队伍建设和能力建设，不断完善管理制度。

一是建立队伍管理制度。首先，要建立执法人员持证上岗和资格管理制度，这既是对执法人员的岗位要求，也是对执法主体的资格确认。其

次，要建立教育培训制度。目前，各级生态环境部门针对环境执法人员开展了不同类别、不同层次的培训。《指导意见》进一步要求加强业务能力建设，健全教育培训机制，提高执法人员业务能力和综合素质。最后，要建立考核奖惩制度。近年来，生态环境保护工作一直保持高压态势，生态环境执法工作日益繁重，广大执法人员克服困难、甘于奉献，涌现出一大批敢担当、善执法的执法队伍和先进个人。《指导意见》提出，建立考核奖惩制度，实行立功表彰奖励机制。

二是建立责任追究和尽职免责制度。各级生态环境保护综合执法队伍要在2019年年底前基本完成权力和责任清单的制定和发布，向社会公开职能职责、执法依据、执法标准、运行流程、监督途径和问责机制，实现尽职照单免责、失职照单问责。把监管责任与企业主体责任区分开来，避免基层执法人员权责不一致，承担“无限”责任。

三是建立干预执法责任追究制度。推行执法公示制度，推进及时、主动、全面公开执法信息，对领导干部违法违规干预执法活动、插手具体案件查处的，实行干预留痕和记录，防治地方保护主义和部门保护主义，坚决排除对执法活动的违规人为干预。

（《中国机构改革与管理》2019年第2期）

附录 8

# 强化“四个统一” 深入推进生态环境机构改革

生态环境部行政体制与人事司

新一轮党和国家机构改革决定组建生态环境部，这是以习近平同志为核心的党中央作出的一项重大部署。生态环境部以习近平新时代中国特色社会主义思想为指导，深入学习宣传贯彻习近平生态文明思想，坚决贯彻落实党中央深化党和国家机构改革的决策部署，科学谋划，精心组织，周密实施，顺利完成了挂牌、人员转隶和出台“三定”规定等改革任务，机构和职能调整到位。

## 一、深刻领会党中央保护生态环境的坚定意志和坚强决心

党中央、国务院历来高度重视生态环境保护，持续加大生态环境保护力度，大力推进生态环境管理体制改革，生态环境部门经历了从无到有、从小到大、从弱到强的发展历程。

新中国成立初期，我国生态环境保护工作分别由工业和相关经济管理部门，以及林业、水利、土地、农业等资源管理部门承担。以 1973 年召

开的第一次全国环境保护会议为标志，揭开了中国环境保护事业的序幕，也开启了生态环境管理体制的改革历程。1974 年成立了国务院环境保护领导小组及其办公室，标志着我国第一次有了专门的环保机构。

随着改革开放的不断深入，我国生态环保管理体制也在不断调整。1982 年机构改革，国务院环境保护领导小组办公室与国家建委、城建总局、建工总局、测绘总局合并组建城乡建设环境保护部，内设环境保护局。1984 年成立国务院环境保护委员会，并将环境保护局改为国家环境保护局，仍由城乡建设环境保护部管理，但业务相对独立。1988 年国家环境保护局单独设置，作为国务院直属机构，实现了生态环保的独立监管。

随着生态环境形势的不断变化，党和国家对生态环境保护愈加重视，对生态环境的统一监管不断强化。1998 年国家环境保护局升格为国家环境保护总局，并整建制划入国家核安全局，形成污染防治、生态保护、核与辐射安全监管三大职能体系。

为加大环境保护政策、规划和重大问题的统筹协调力度，加快改善生态环境质量，2008 年组建环境保护部，生态环保工作得到进一步加强。党的十八大以来，党中央把生态文明建设作为统筹推进“五位一体”总体布局和协调推进“四个全面”战略布局的重要内容，开展一系列根本性、开创性、长远性工作，首次将生态环境保护列为政府主要职能之一，制定 40 多项涉及生态文明建设和生态环境保护的改革方案。2018 年机构改革更是整合 7 个部门相关生态环境保护职责，组建生态环境部，统一行使生态和城乡各类污染排放监管与行政执法职责，生态环境保护体制更趋于完善和定型。

总的来看，经过多年探索与发展，生态环境部门机构和职能逐步得到强化，充分表明了党中央、国务院对加强生态环境保护工作的高度重视，也彰显了保护生态环境的坚定意志和坚强决心。

## 二、充分认识深化生态环境机构改革的重要现实意义和深远历史意义

党的十八大以来，以习近平同志为核心的党中央站在我国发展新的历史方位，对生态文明建设和生态环境保护提出了一系列新理念新思想新战略，形成了习近平生态文明思想，并且在实践中不断丰富、完善和拓展。在“五位一体”总体布局中生态文明建设是其中一位，在新时代坚持和发展中国特色社会主义基本方略中坚持人与自然和谐共生是其中一条基本方略，在新发展理念中绿色是其中一大理念，在三大攻坚战中污染防治是其中一大攻坚战。这“四个一”充分体现了党对生态文明建设规律的把握，体现了生态文明建设在新时代党和国家事业发展中的地位，体现了党对生态文明建设的部署和要求。推进生态文明和美丽中国建设，迫切要求加快生态环境领域国家治理体系和治理能力现代化。这就是深化生态环境机构改革的重要意义所在。

（一）深化生态环境机构改革是贯彻习近平生态文明思想的生动实践。习近平生态文明思想是习近平新时代中国特色社会主义思想的重要组成部分，深刻回答了为什么建设生态文明、建设什么样的生态文明、怎样建设生态文明的重大理论和实践问题，为推进生态文明建设、保护生态环境提供了根本遵循与行动指南。深化生态环境机构改革，就是以习近平生态文明思想为指导，围绕全面建成小康社会、建设美丽中国，健全生态环境管理体制机制，把生态文明建设重大部署和重要任务落到实处，让良好生态环境成为人民幸福生活的增长点、成为经济社会持续健康发展的支撑点、成为展现我国良好国际形象的发力点。

（二）深化生态环境机构改革是践行以人民为中心发展思想的重大安排。环境就是民生，青山就是美丽，蓝天也是幸福。随着中国特色社会主

义进入新时代，我国社会主要矛盾已经转化为人民日益增长的美好生活需要和不平衡不充分的发展之间的矛盾。其中，人民日益增长的优美生态环境需要已经成为这一主要矛盾的重要方面。深化生态环境机构改革，就是践行以人民为中心的发展思想，强化生态环境部门统一监管职能，深化生态环境保护行政执法体制改革，着力解决人民群众反映强烈的生态环境问题，提供更多优质生态产品，让人民群众在“蓝天白云、繁星闪烁，清水绿岸、鱼翔浅底，鸟语花香、田园风光”的优美生态环境中生产生活，不断增强人民群众的获得感、幸福感和安全感。

（三）深化生态环境机构改革是推进生态环境治理体系与治理能力现代化的有效路径。长期以来，我国生态环境管理体制存在两个方面突出问题：一是职责交叉重复，叠床架屋、九龙治水、多头治理，责任难以界定等；二是所有者与监管者不分，既是运动员又是裁判员，“重开发、轻保护”问题较为突出。深化生态环境机构改革，就是坚持以解决制约生态环境保护的体制机制问题为导向，持续深化生态环境领域改革，推进生态环境领域国家治理体系和治理能力现代化，为打好污染防治攻坚战、建设美丽中国提供有力支撑。

## 三、不折不扣落实党和国家机构改革的基本要求

此次党和国家机构改革，以习近平同志为核心的党中央既提出“优化协同高效”“加快内部职责和业务整合”等总体要求，也提出“四个统一”“五个打通”“一个贯通”等生态环境机构改革具体要求。生态环境部深入学习贯彻中央改革要求，着力理顺部门职责关系，促进内设机构职责的优化和融合，健全支撑保障体系，克服长期以来制约生态环境保护事业发展的体制性痼疾。

（一）坚持监管统一，着力理顺部门职责关系。党的十九届三中全会提出，要加强和完善生态环境保护职能，整合分散的生态环境保护职责。习近平总书记在全国生态环境保护大会上强调，党中央决定组建生态环境部，主要考虑有两点：一是在污染防治上改变九龙治水的状况，整合职能，为打好污染防治攻坚战提供支撑。二是在生态保护修复上强化统一监管，坚决守住生态保护红线。同时，提出要“打通地上和地下、岸上和水里、陆地和海洋、城市和农村、一氧化碳和二氧化碳，贯通污染防治和生态保护，加强生态环境保护统一监管”，明确“生态环境部门要履行好职责，统一政策规划标准制定，统一监测评估，统一监督执法，统一督察问责”，相关部门也要履行好生态环境保护职责，按“一岗双责”的要求抓好工作。

按照习近平总书记的重要指示精神，制定生态环境部“三定”规定。一是落实整合职能。将划入的编制水功能区划、入河排污口设置管理、应对气候变化及减排、监督指导农业面源污染治理、地下水污染防治监督管理、海洋生态环境监管等职责进行明确表述，将流域水环境保护、南水北调工程项目区环境保护等职责与原有职责融合，并增加“统一行使生态和城乡各类污染排放监管与行政执法职责”“严守生态保护红线”“组织制定各类自然保护地生态环境监管制度并监督执法”“承担自然保护地、生态保护红线相关监管工作”等内容，实现“五个打通”“一个贯通”。二是落实“四个统一”。统一政策规划标准制定，明确由生态环境部负责拟订国家生态环境政策、规划并组织实施，组织拟订生态环境标准等；统一监测评估，包括统一监测制度和规范、统一规划站点设置、统一组织实施、统一发布信息；统一监督执法，明确由生态环境部统一负责生态环境监督执法，组织开展全国生态环境保护执法检查活动，查处重大生态环境违法问题，指导全国生态环境保护综合执法队伍建设和业务工作等；统一督察问责，明确由生态环境部组织协调中央生态环境保护督察工作，根据授权对各地区各有关部门贯彻落实中央生态环境保护决策部署情况进行督察问责。三是落实生态环境保护“一岗双责”。坚持生态环境部门的监管者定位，充分发挥各行业管理部门作用，分工协作、共同发力，做到管发展的必须管生态环保、管生产的必须管生态环保、管行业的必须管生态环保，推动由生态环境部门单打独斗的“小生态环保”向各部门共同抓落实的“大生态环保”转变。

（二）坚持“化学反应”，合理设置内设机构。按照习近平总书记有关“加快内部职责和业务整合”等要求，着力推进职责和内设机构的整合优化。一是在综合性司局设置和职责方面，整合原规划财务司、政策法规司、科技标准司职责，重组为综合司、科技与财务司、法规与标准司，分别强化政策规划综合、生态环保投资保障等职能，促进法规标准工作的统一。二是在水生态环境保护方面，将划入的原南水北调办环境保护司以及水利部相关职责和力量并入原水环境管理司，由其统筹滇池等“老三湖”、白洋淀等“新三湖”和长江等重点流域生态环境保护工作，打通岸上和水里。三是在海洋生态环境保护方面，将原水环境管理司海洋环境管理职责及力量与划入的原国家海洋局生态环境保护司进行整合，设置海洋生态环境司，统筹衔接海洋与陆地生态环境保护。四是在农业农村、地上地下生态环境保护方面，将原水环境管理司的地下水、农村环境保护相关职责，与划入的监督防止地下水污染、监督指导农业面源污染治理等职责进行整合，统一交由原土壤环境管理司负责，实现农业农村、地上地下生态环境保护的统筹。五是在应对气候变化方面，将原科技标准司承担的气候变化职责，与划入的发展改革委应对气候变化职责整合，仍设置应对气候变化司，牵头应对气候变化工作。六是在大气环境保护方面，为落实跨地区环保机构改革精神，采取在大气环境司加挂牌子的形式，设置京津冀及周边地区大气环境管理局，承担京津冀及周边地区大气污染防治领导小组日常工作，统筹兼顾重点区域大气环境保护工作。七是在生态环境监测方面，将划入涉及监测方面的职责整合至原环境监测司，更名为生态环境监测司，实现地表水、地下水、海洋、大气、温室气体、土壤等方面的统一监测。八是在行政审批管理方面，将原规划财务司的排污许可职责整合至环境影响评价司，更名为环境影响评价与排放管理司，促进排污许可与环评制度衔接。九是在污染防治与生态保护方面，将生态保护监管职责按要素配置到原水、土壤等环境管理司，分别更名为水、土壤生态环境司，促进生态保护与污染防治协同发力，贯通污染防治与生态保护。十是在固体废物与化学品环境监管方面，将原土壤环境管理司承担的固体废物与化学品环境管理职责划出，专门成立固体废物与化学品司，以落实固体废物管理制度改革要求，防范日益突出的化学品环境风险。十一是在生态环境执法方面，将划入涉及执法方面的职责，交由原环境监察局统一负责，更名为生态环境执法局，统一实行污染防治和生态保护执法。

（三）坚持"责能相适"，提升支撑保障能力。由于生态环境部门成立较晚，支持保障能力相对薄弱，特别是与划入职责相关的力量几近空白。在有关部门大力支持下，重点强化了以下支撑能力：一是健全区域流域海域生态环境管理体制。深入落实中央按流域设置环境监管和行政执法机构的改革精神，按照习近平总书记有关"推进跨地区环保机构试点""加快组建流域环境监管执法机构""按海域设置监管机构"等要求，整合相关部门和地方政府大气环境管理职责，在大气环境司挂牌设立京津冀及周边地区大气环境管理局；在划入水利部7大流域水资源保护局的基础上，统筹设置流域海域生态环境监督管理局，按流域海域开展生态环境监管工作，全面统筹左右岸、上下游、陆上水上、地表地下、河流海洋、水生态水资源、污染防治与生态保护，推进山水林田湖草系统治理。二是完善支持保障体系。划入国家应对气候变化战略研究和国际合作中心、国家海洋环境监测中心，分别为应对气候变化、海洋生态环境保护提供技术支持。整合组建土壤与农业农村生态环境监管技术中心，承担土壤、农业农村和地下水生态环境监管技术支持。7大流域生态环境监管局设立事业单位，为其监管工作提供支撑保障。同时，明确部属单位与部机关相关司局的归口关系，强化部属单位对部中心工作支持，基本建立起了与行政职责相对应的支持保障体系。

（《中国机构改革与管理》2019年第7期）

附录 9

# 《中共中央关于深化党和国家机构改革的决定》《深化党和国家机构改革方案》中相关表述

## 《中共中央关于深化党和国家机构改革的决定》

……

（四）改革自然资源和生态环境管理体制。实行最严格的生态环境保护制度，构建政府为主导、企业为主体、社会组织和公众共同参与的环境治理体系，为生态文明建设提供制度保障。设立国有自然资源资产管理和自然生态监管机构，完善生态环境管理制度，统一行使全民所有自然资源资产所有者职责，统一行使所有国土空间用途管制和生态保护修复职责，统一行使监管城乡各类污染排放和行政执法职责。强化国土空间规划对各专项规划的指导约束作用，推进“多规合一”，实现土地利用规划、城乡规划等有机融合。

## 《深化党和国家机构改革方案》

……

（二十四）组建自然资源部。建设生态文明是中华民族永续发展的千年大计。必须树立和践行绿水青山就是金山银山的理念，统筹山水林田湖草系统治理。为统一行使全民所有自然资源资产所有者职责，统一行使所有国土空间用途管制和生态保护修复职责，着力解决自然资源所有者不到位、空间规划重叠等问题，将国土资源部的职责，国家发展和改革委员会的组织编制主体功能区规划职责，住房和城乡建设部的城乡规划管理职责，水利部的水资源调查和确权登记管理职责，农业部的草原资源调查和确权登记管理职责，国家林业局的森林、湿地等资源调查和确权登记管理职责，国家海洋局的职责，国家测绘地理信息局的职责整合，组建自然资源部，作为国务院组成部门。自然资源部对外保留国家海洋局牌子。

主要职责是，对自然资源开发利用和保护进行监管，建立空间规划体系并监督实施，履行全民所有各类自然资源资产所有者职责，统一调查和确权登记，建立自然资源有偿使用制度，负责测绘和地质勘查行业管理等。

不再保留国土资源部、国家海洋局、国家测绘地理信息局。

（二十五）组建生态环境部。保护环境是我国的基本国策，要像对待生命一样对待生态环境，实行最严格的生态环境保护制度，形成绿色发展方式和生活方式，着力解决突出环境问题。为整合分散的生态环境保护职责，统一行使生态和城乡各类污染排放监管与行政执法职责，加强环境污染治理，保障国家生态安全，建设美丽中国，将环境保护部的职责，国家发展和改革委员会的应对气候变化和减排职责，国土资源部的监督防止地下水污染职责，水利部的编制水功能区划、排污口设置管理、流域水环境保护职责，农业部的监督指导农业面源污染治理职责，国家海洋局的海洋环境保护职责，国务院南水北调工程建设委员会办公室的南水北调工程项目区环境保护职责整合，组建生态环境部，作为国务院组成部门。生态环境部对外保留国家核安全局牌子。

主要职责是，拟订并组织实施生态环境政策、规划和标准，统一负责生态环境监测和执法工作，监督管理污染防治、核与辐射安全，组织开展中央环境保护督察等。

不再保留环境保护部。

……

（四十二）组建国家林业和草原局。为加大生态系统保护力度，统筹森林、草原、湿地监督管理，加快建立以国家公园为主体的自然保护地体系，保障国家生态安全，将国家林业局的职责，农业部的草原监督管理职责，以及国土资源部、住房和城乡建设部、水利部、农业部、国家海洋局等部门的自然保护区、风景名胜区、自然遗产、地质公园等管理职责整合，组建国家林业和草原局，由自然资源部管理。国家林业和草原局加挂国家公园管理局牌子。

主要职责是，监督管理森林、草原、湿地、荒漠和陆生野生动植物资源开发利用和保护，组织生态保护和修复，开展造林绿化工作，管理国家公园等各类自然保护地等。

不再保留国家林业局。

……

（五十一）整合组建生态环境保护综合执法队伍。整合环境保护和国土、农业、水利、海洋等部门相关污染防治和生态保护执法职责、队伍，统一实行生态环境保护执法。由生态环境部指导。

## 附录 10

# 《中共中央　国务院关于全面加强生态环境保护坚决打好污染防治攻坚战的意见》

（2018 年 6 月 16 日）

良好生态环境是实现中华民族永续发展的内在要求，是增进民生福祉的优先领域。为深入学习贯彻习近平新时代中国特色社会主义思想和党的十九大精神，决胜全面建成小康社会，全面加强生态环境保护，打好污染防治攻坚战，提升生态文明，建设美丽中国，现提出如下意见。

## 一、深刻认识生态环境保护面临的形势

党的十八大以来，以习近平同志为核心的党中央把生态文明建设作为统筹推进“五位一体”总体布局和协调推进“四个全面”战略布局的重要内容，谋划开展了一系列根本性、长远性、开创性工作，推动生态文明建设和生态环境保护从实践到认识发生了历史性、转折性、全局性变化。各地区各部门认真贯彻落实党中央、国务院决策部署，生态文明建设和生态环境保护制度体系加快形成，全面节约资源有效推进，大气、水、土壤污染防治行动计划深入实施，生态系统保护和修复重大工程进展顺利，核与

辐射安全得到有效保障，生态文明建设成效显著，美丽中国建设迈出重要步伐，我国成为全球生态文明建设的重要参与者、贡献者、引领者。

同时，我国生态文明建设和生态环境保护面临不少困难和挑战，存在许多不足。一些地方和部门对生态环境保护认识不到位，责任落实不到位；经济社会发展同生态环境保护的矛盾仍然突出，资源环境承载能力已经达到或接近上限；城乡区域统筹不够，新老环境问题交织，区域性、布局性、结构性环境风险凸显，重污染天气、黑臭水体、垃圾围城、生态破坏等问题时有发生。这些问题，成为重要的民生之患、民心之痛，成为经济社会可持续发展的瓶颈制约，成为全面建成小康社会的明显短板。

进入新时代，解决人民日益增长的美好生活需要和不平衡不充分的发展之间的矛盾对生态环境保护提出许多新要求。当前，生态文明建设正处于压力叠加、负重前行的关键期，已进入提供更多优质生态产品以满足人民日益增长的优美生态环境需要的攻坚期，也到了有条件有能力解决突出生态环境问题的窗口期。必须加大力度、加快治理、加紧攻坚，打好标志性的重大战役，为人民创造良好生产生活环境。

## 二、深入贯彻习近平生态文明思想

习近平总书记传承中华民族传统文化、顺应时代潮流和人民意愿，站在坚持和发展中国特色社会主义、实现中华民族伟大复兴中国梦的战略高度，深刻回答了为什么建设生态文明、建设什么样的生态文明、怎样建设生态文明等重大理论和实践问题，系统形成了习近平生态文明思想，有力指导生态文明建设和生态环境保护取得历史性成就、发生历史性变革。

坚持生态兴则文明兴。建设生态文明是关系中华民族永续发展的根本大计，功在当代、利在千秋，关系人民福祉，关乎民族未来。

坚持人与自然和谐共生。保护自然就是保护人类，建设生态文明就是造福人类。必须尊重自然、顺应自然、保护自然，像保护眼睛一样保护生态环境，像对待生命一样对待生态环境，推动形成人与自然和谐发展现代化建设新格局，还自然以宁静、和谐、美丽。

坚持绿水青山就是金山银山。绿水青山既是自然财富、生态财富，又是社会财富、经济财富。保护生态环境就是保护生产力，改善生态环境就是发展生产力。必须坚持和贯彻绿色发展理念，平衡和处理好发展与保护的关系，推动形成绿色发展方式和生活方式，坚定不移走生产发展、生活富裕、生态良好的文明发展道路。

坚持良好生态环境是最普惠的民生福祉。生态文明建设同每个人息息相关。环境就是民生，青山就是美丽，蓝天也是幸福。必须坚持以人民为中心，重点解决损害群众健康的突出环境问题，提供更多优质生态产品。

坚持山水林田湖草是生命共同体。生态环境是统一的有机整体。必须按照系统工程的思路，构建生态环境治理体系，着力扩大环境容量和生态空间，全方位、全地域、全过程开展生态环境保护。

坚持用最严格制度最严密法治保护生态环境。保护生态环境必须依靠制度、依靠法治。必须构建产权清晰、多元参与、激励约束并重、系统完整的生态文明制度体系，让制度成为刚性约束和不可触碰的高压线。

坚持建设美丽中国全民行动。美丽中国是人民群众共同参与共同建设共同享有的事业。必须加强生态文明宣传教育，牢固树立生态文明价值观念和行为准则，把建设美丽中国化为全民自觉行动。

坚持共谋全球生态文明建设。生态文明建设是构建人类命运共同体的重要内容。必须同舟共济、共同努力，构筑尊崇自然、绿色发展的生态体系，推动全球生态环境治理，建设清洁美丽世界。

习近平生态文明思想为推进美丽中国建设、实现人与自然和谐共生的现代化提供了方向指引和根本遵循，必须用以武装头脑、指导实践、推动工作。要教育广大干部增强“四个意识”，树立正确政绩观，把生态文明建设重大部署和重要任务落到实处，让良好生态环境成为人民幸福生活的增长点、成为经济社会持续健康发展的支撑点、成为展现我国良好形象的发力点。

## 三、全面加强党对生态环境保护的领导

加强生态环境保护、坚决打好污染防治攻坚战是党和国家的重大决策部署，各级党委和政府要强化对生态文明建设和生态环境保护的总体设计和组织领导，统筹协调处理重大问题，指导、推动、督促各地区各部门落实党中央、国务院重大政策措施。

（一）落实党政主体责任。落实领导干部生态文明建设责任制，严格实行党政同责、一岗双责。地方各级党委和政府必须坚决扛起生态文明建设和生态环境保护的政治责任，对本行政区域的生态环境保护工作及生态环境质量负总责，主要负责人是本行政区域生态环境保护第一责任人，至少每季度研究一次生态环境保护工作，其他有关领导成员在职责范围内承担相应责任。各地要制定责任清单，把任务分解落实到有关部门。抓紧出台中央和国家机关相关部门生态环境保护责任清单。各相关部门要履行好生态环境保护职责，制定生态环境保护年度工作计划和措施。各地区各部门落实情况每年向党中央、国务院报告。

健全环境保护督察机制。完善中央和省级环境保护督察体系，制定环境保护督察工作规定，以解决突出生态环境问题、改善生态环境质量、推动高质量发展为重点，夯实生态文明建设和生态环境保护政治责任，推动环境保护督察向纵深发展。完善督查、交办、巡查、约谈、专项督察机制，开展重点区域、重点领域、重点行业专项督察。

（二）强化考核问责。制定对省（自治区、直辖市）党委、人大、政府以及中央和国家机关有关部门污染防治攻坚战成效考核办法，对生态环境保护立法执法情况、年度工作目标任务完成情况、生态环境质量状况、资金投入使用情况、公众满意程度等相关方面开展考核。各地参照制定考核实施细则。开展领导干部自然资源资产离任审计。考核结果作为领导班子和领导干部综合考核评价、奖惩任免的重要依据。

严格责任追究。对省（自治区、直辖市）党委和政府以及负有生态环境保护责任的中央和国家机关有关部门贯彻落实党中央、国务院决策部署不坚决不彻底、生态文明建设和生态环境保护责任制执行不到位、污染防治攻坚任务完成严重滞后、区域生态环境问题突出的，约谈主要负责人，同时责成其向党中央、国务院作出深刻检查。对年度目标任务未完成、考核不合格的市、县，党政主要负责人和相关领导班子成员不得评优评先。对在生态环境方面造成严重破坏负有责任的干部，不得提拔使用或者转任重要职务。对不顾生态环境盲目决策、违法违规审批开发利用规划和建设项目的，对造成生态环境质量恶化、生态严重破坏的，对生态环境事件多发高发、应对不力、群众反映强烈的，对生态环境保护责任没有落实、推诿扯皮、没有完成工作任务的，依纪依法严格问责、终身追责。

## 四、总体目标和基本原则

（一）总体目标。到2020年，生态环境质量总体改善，主要污染物排放总量大幅减少，环境风险得到有效管控，生态环境保护水平同全面建成小康社会目标相适应。

具体指标：全国细颗粒物（PM2.5）未达标地级及以上城市浓度比2015年下降18%以上，地级及以上城市空气质量优良天数比率达到80%

以上；全国地表水Ⅰ—Ⅲ类水体比例达到70%以上，劣Ⅴ类水体比例控制在5%以内；近岸海域水质优良（一、二类）比例达到70%左右；二氧化硫、氮氧化物排放量比2015年减少15%以上，化学需氧量、氨氮排放量减少10%以上；受污染耕地安全利用率达到90%左右，污染地块安全利用率达到90%以上；生态保护红线面积占比达到25%左右；森林覆盖率达到23.04%以上。

通过加快构建生态文明体系，确保到2035年节约资源和保护生态环境的空间格局、产业结构、生产方式、生活方式总体形成，生态环境质量实现根本好转，美丽中国目标基本实现。到本世纪中叶，生态文明全面提升，实现生态环境领域国家治理体系和治理能力现代化。

（二）基本原则。

——坚持保护优先。落实生态保护红线、环境质量底线、资源利用上线硬约束，深化供给侧结构性改革，推动形成绿色发展方式和生活方式，坚定不移走生产发展、生活富裕、生态良好的文明发展道路。

——强化问题导向。以改善生态环境质量为核心，针对流域、区域、行业特点，聚焦问题、分类施策、精准发力，不断取得新成效，让人民群众有更多获得感。

——突出改革创新。深化生态环境保护体制机制改革，统筹兼顾、系统谋划，强化协调、整合力量，区域协作、条块结合，严格环境标准，完善经济政策，增强科技支撑和能力保障，提升生态环境治理的系统性、整体性、协同性。

——注重依法监管。完善生态环境保护法律法规体系，健全生态环境保护行政执法和刑事司法衔接机制，依法严惩重罚生态环境违法犯罪行为。

——推进全民共治。政府、企业、公众各尽其责、共同发力，政府积极发挥主导作用，企业主动承担环境治理主体责任，公众自觉践行绿色生活。

## 五、推动形成绿色发展方式和生活方式

坚持节约优先，加强源头管控，转变发展方式，培育壮大新兴产业，推动传统产业智能化、清洁化改造，加快发展节能环保产业，全面节约能源资源，协同推动经济高质量发展和生态环境高水平保护。

（一）促进经济绿色低碳循环发展。对重点区域、重点流域、重点行业和产业布局开展规划环评，调整优化不符合生态环境功能定位的产业布局、规模和结构。严格控制重点流域、重点区域环境风险项目。对国家级新区、工业园区、高新区等进行集中整治，限期进行达标改造。加快城市建成区、重点流域的重污染企业和危险化学品企业搬迁改造，2018年年底前，相关城市政府就此制定专项计划并向社会公开。促进传统产业优化升级，构建绿色产业链体系。继续化解过剩产能，严禁钢铁、水泥、电解铝、平板玻璃等行业新增产能，对确有必要新建的必须实施等量或减量置换。加快推进危险化学品生产企业搬迁改造工程。提高污染排放标准，加大钢铁等重点行业落后产能淘汰力度，鼓励各地制定范围更广、标准更严的落后产能淘汰政策。构建市场导向的绿色技术创新体系，强化产品全生命周期绿色管理。大力发展节能环保产业、清洁生产产业、清洁能源产业，加强科技创新引领，着力引导绿色消费，大力提高节能、环保、资源循环利用等绿色产业技术装备水平，培育发展一批骨干企业。大力发展节能和环境服务业，推行合同能源管理、合同节水管理，积极探索区域环境托管服务等新模式。鼓励新业态发展和模式创新。在能源、冶金、建材、有色、化工、电镀、造纸、印染、农副食品加工等行业，全面推进清洁生产改造或清洁化改造。

（二）推进能源资源全面节约。强化能源和水资源消耗、建设用地等总量和强度双控行动，实行最严格的耕地保护、节约用地和水资源管理制

度。实施国家节水行动，完善水价形成机制，推进节水型社会和节水型城市建设，到2020年，全国用水总量控制在6700亿立方米以内。健全节能、节水、节地、节材、节矿标准体系，大幅降低重点行业和企业能耗、物耗，推行生产者责任延伸制度，实现生产系统和生活系统循环链接。鼓励新建建筑采用绿色建材，大力发展装配式建筑，提高新建绿色建筑比例。以北方采暖地区为重点，推进既有居住建筑节能改造。积极应对气候变化，采取有力措施确保完成2020年控制温室气体排放行动目标。扎实推进全国碳排放权交易市场建设，统筹深化低碳试点。

（三）引导公众绿色生活。加强生态文明宣传教育，倡导简约适度、绿色低碳的生活方式，反对奢侈浪费和不合理消费。开展创建绿色家庭、绿色学校、绿色社区、绿色商场、绿色餐馆等行动。推行绿色消费，出台快递业、共享经济等新业态的规范标准，推广环境标志产品、有机产品等绿色产品。提倡绿色居住，节约用水用电，合理控制夏季空调和冬季取暖室内温度。大力发展公共交通，鼓励自行车、步行等绿色出行。

## 六、坚决打赢蓝天保卫战

编制实施打赢蓝天保卫战三年作战计划，以京津冀及周边、长三角、汾渭平原等重点区域为主战场，调整优化产业结构、能源结构、运输结构、用地结构，强化区域联防联控和重污染天气应对，进一步明显降低PM2.5浓度，明显减少重污染天数，明显改善大气环境质量，明显增强人民的蓝天幸福感。

（一）加强工业企业大气污染综合治理。全面整治“散乱污”企业及集群，实行拉网式排查和清单式、台账式、网格化管理，分类实施关停取缔、整合搬迁、整改提升等措施，京津冀及周边区域2018年年底前完成，其他重点区域2019年年底前完成。坚决关停用地、工商手续不全并难以通过改造达标的企业，限期治理可以达标改造的企业，逾期依法一律关停。强化工业企业无组织排放管理，推进挥发性有机物排放综合整治，开展大气氨排放控制试点。到2020年，挥发性有机物排放总量比2015年下降10%以上。重点区域和大气污染严重城市加大钢铁、铸造、炼焦、建材、电解铝等产能压减力度，实施大气污染物特别排放限值。加大排放高、污染重的煤电机组淘汰力度，在重点区域加快推进。到2020年，具备改造条件的燃煤电厂全部完成超低排放改造，重点区域不具备改造条件的高污染燃煤电厂逐步关停。推动钢铁等行业超低排放改造。

（二）大力推进散煤治理和煤炭消费减量替代。增加清洁能源使用，拓宽清洁能源消纳渠道，落实可再生能源发电全额保障性收购政策。安全高效发展核电。推动清洁低碳能源优先上网。加快重点输电通道建设，提高重点区域接受外输电比例。因地制宜、加快实施北方地区冬季清洁取暖五年规划。鼓励余热、浅层地热能等清洁能源取暖。加强煤层气（煤矿瓦斯）综合利用，实施生物天然气工程。到2020年，京津冀及周边、汾渭平原的平原地区基本完成生活和冬季取暖散煤替代；北京、天津、河北、山东、河南及珠三角区域煤炭消费总量比2015年均下降10%左右，上海、江苏、浙江、安徽及汾渭平原煤炭消费总量均下降5%左右；重点区域基本淘汰每小时35蒸吨以下燃煤锅炉。推广清洁高效燃煤锅炉。

（三）打好柴油货车污染治理攻坚战。以开展柴油货车超标排放专项整治为抓手，统筹开展油、路、车治理和机动车船污染防治。严厉打击生产销售不达标车辆、排放检验机构检测弄虚作假等违法行为。加快淘汰老旧车，鼓励清洁能源车辆、船舶的推广使用。建设"天地车人"一体化的机动车排放监控系统，完善机动车遥感监测网络。推进钢铁、电力、电解铝、焦化等重点工业企业和工业园区货物由公路运输转向铁路运输。显著提高重点区域大宗货物铁路水路货运比例，提高沿海港口集装箱铁路集疏港比例。重点区域提前实施机动车国六排放标准，严格实施船舶和非道路移动机械大气排放标准。鼓励淘汰老旧船舶、工程机械和农业机械。落实珠三角、长三角、环渤海京津冀水域船舶排放控制区管理政策，全国主要港口和排放控制区内港口靠港船舶率先使用岸电。到2020年，长江干线、西江航运干线、京杭运河水上服务区和待闸锚地基本具备船舶岸电供应能力。2019年1月1日起，全国供应符合国六标准的车用汽油和车用柴油，力争重点区域提前供应。尽快实现车用柴油、普通柴油和部分船舶用油标准并轨。内河和江海直达船舶必须使用硫含量不大于10毫克/千克的柴油。严厉打击生产、销售和使用非标车（船）用燃料行为，彻底清除黑加油站点。

（四）强化国土绿化和扬尘管控。积极推进露天矿山综合整治，加快环境修复和绿化。开展大规模国土绿化行动，加强北方防沙带建设，实施京津风沙源治理工程、重点防护林工程，增加林草覆盖率。在城市功能疏解、更新和调整中，将腾退空间优先用于留白增绿。落实城市道路和城市范围内施工工地等扬尘管控。

（五）有效应对重污染天气。强化重点区域联防联控联治，统一预警分级标准、信息发布、应急响应，提前采取应急减排措施，实施区域应急联动，有效降低污染程度。完善应急预案，明确政府、部门及企业的应急责任，科学确定重污染期间管控措施和污染源减排清单。指导公众做好重污染天气健康防护。推进预测预报预警体系建设，2018年年底前，进一步提升国家级空气质量预报能力，区域预报中心具备7至10天空气质量预报能力，省级预报中心具备7天空气质量预报能力并精确到所辖各城市。重点区域采暖季节，对钢铁、焦化、建材、铸造、电解铝、化工等重点行业企业实施错峰生产。重污染期间，对钢铁、焦化、有色、电力、化工等涉及大宗原材料及产品运输的重点企业实施错峰运输；强化城市建设施工工地扬尘管控措施，加强道路机扫。依法严禁秸秆露天焚烧，全面推进综合利用。到2020年，地级及以上城市重污染天数比2015年减少25%。

## 七、着力打好碧水保卫战

深入实施水污染防治行动计划，扎实推进河长制湖长制，坚持污染减排和生态扩容两手发力，加快工业、农业、生活污染源和水生态系统整治，保障饮用水安全，消除城市黑臭水体，减少污染严重水体和不达标水体。

（一）打好水源地保护攻坚战。加强水源水、出厂水、管网水、末梢水的全过程管理。划定集中式饮用水水源保护区，推进规范化建设。强化南水北调水源地及沿线生态环境保护。深化地下水污染防治。全面排查和整治县级及以上城市水源保护区内的违法违规问题，长江经济带于2018年年底前、其他地区于2019年年底前完成。单一水源供水的地级及以上城市应当建设应急水源或备用水源。定期监（检）测、评估集中式饮用水水源、供水单位供水和用户水龙头水质状况，县级及以上城市至少每季度向社会公开一次。

（二）打好城市黑臭水体治理攻坚战。实施城镇污水处理“提质增效”三年行动，加快补齐城镇污水收集和处理设施短板，尽快实现污水管网全覆盖、全收集、全处理。完善污水处理收费政策，各地要按规定将污水处理收费标准尽快调整到位，原则上应补偿到污水处理和污泥处置设施正常运营并合理盈利。对中西部地区，中央财政给予适当支持。加强城市初期雨水收集处理设施建设，有效减少城市面源污染。到2020年，地级及以上城市建成区黑臭水体消除比例达90%以上。鼓励京津冀、长三角、珠三角区域城市建成区尽早全面消除黑臭水体。

（三）打好长江保护修复攻坚战。开展长江流域生态隐患和环境风险调查评估，划定高风险区域，从严实施生态环境风险防控措施。优化长江经济带产业布局和规模，严禁污染型产业、企业向上中游地区转移。排查整治入河入湖排污口及不达标水体，市、县级政府制定实施不达标水体限期达标规划。到 2020 年，长江流域基本消除劣Ⅴ类水体。强化船舶和港口污染防治，现有船舶到 2020 年全部完成达标改造，港口、船舶修造厂环卫设施、污水处理设施纳入城市设施建设规划。加强沿河环湖生态保护，修复湿地等水生态系统，因地制宜建设人工湿地水质净化工程。实施长江流域上中游水库群联合调度，保障干流、主要支流和湖泊基本生态用水。

（四）打好渤海综合治理攻坚战。以渤海海区的渤海湾、辽东湾、莱州湾、辽河口、黄河口等为重点，推动河口海湾综合整治。全面整治入海污染源，规范入海排污口设置，全部清理非法排污口。严格控制海水养殖等造成的海上污染，推进海洋垃圾防治和清理。率先在渤海实施主要污染物排海总量控制制度，强化陆海污染联防联控，加强入海河流治理与监管。实施最严格的围填海和岸线开发管控，统筹安排海洋空间利用活动。渤海禁止审批新增围填海项目，引导符合国家产业政策的项目消化存量围填海资源，已审批但未开工的项目要依法重新进行评估和清理。

（五）打好农业农村污染治理攻坚战。以建设美丽宜居村庄为导向，持续开展农村人居环境整治行动，实现全国行政村环境整治全覆盖。到 2020 年，农村人居环境明显改善，村庄环境基本干净整洁有序，东部地区、中西部城市近郊区等有基础、有条件的地区人居环境质量全面提升，管护长效机制初步建立；中西部有较好基础、基本具备条件的地区力争实现 90%左右的村庄生活垃圾得到治理，卫生厕所普及率达到 85%左右，生活污水乱排乱放得到管控。减少化肥农药使用量，制修订并严格执行化肥农药等农业投入品质量标准，严格控制高毒高风险农药使用，推进有机肥替代化肥、病虫害绿色防控替代化学防治和废弃农膜回收，完善废旧地膜和包装废弃物等回收处理制度。到2020年，化肥农药使用量实现零增长。坚持种植和养殖相结合，就地就近消纳利用畜禽养殖废弃物。合理布局水产养殖空间，深入推进水产健康养殖，开展重点江河湖库及重点近岸海域破坏生态环境的养殖方式综合整治。到2020年，全国畜禽粪污综合利用率达到75%以上，规模养殖场粪污处理设施装备配套率达到95%以上。

## 八、扎实推进净土保卫战

全面实施土壤污染防治行动计划，突出重点区域、行业和污染物，有效管控农用地和城市建设用地土壤环境风险。

（一）强化土壤污染管控和修复。加强耕地土壤环境分类管理。严格管控重度污染耕地，严禁在重度污染耕地种植食用农产品。实施耕地土壤环境治理保护重大工程，开展重点地区涉重金属行业排查和整治。2018年年底前，完成农用地土壤污染状况详查。2020年年底前，编制完成耕地土壤环境质量分类清单。建立建设用地土壤污染风险管控和修复名录，列入名录且未完成治理修复的地块不得作为住宅、公共管理与公共服务用地。建立污染地块联动监管机制，将建设用地土壤环境管理要求纳入用地规划和供地管理，严格控制用地准入，强化暂不开发污染地块的风险管控。2020年年底前，完成重点行业企业用地土壤污染状况调查。严格土壤污染重点行业企业搬迁改造过程中拆除活动的环境监管。

（二）加快推进垃圾分类处理。到2020年，实现所有城市和县城生活垃圾处理能力全覆盖，基本完成非正规垃圾堆放点整治；直辖市、计划单列市、省会城市和第一批分类示范城市基本建成生活垃圾分类处理系统。

推进垃圾资源化利用，大力发展垃圾焚烧发电。推进农村垃圾就地分类、资源化利用和处理，建立农村有机废弃物收集、转化、利用网络体系。

（三）强化固体废物污染防治。全面禁止洋垃圾入境，严厉打击走私，大幅减少固体废物进口种类和数量，力争2020年年底前基本实现固体废物零进口。开展“无废城市”试点，推动固体废物资源化利用。调查、评估重点工业行业危险废物产生、贮存、利用、处置情况。完善危险废物经营许可、转移等管理制度，建立信息化监管体系，提升危险废物处理处置能力，实施全过程监管。严厉打击危险废物非法跨界转移、倾倒等违法犯罪活动。深入推进长江经济带固体废物大排查活动。评估有毒有害化学品在生态环境中的风险状况，严格限制高风险化学品生产、使用、进出口，并逐步淘汰、替代。

## 九、加快生态保护与修复

坚持自然恢复为主，统筹开展全国生态保护与修复，全面划定并严守生态保护红线，提升生态系统质量和稳定性。

（一）划定并严守生态保护红线。按照应保尽保、应划尽划的原则，将生态功能重要区域、生态环境敏感脆弱区域纳入生态保护红线。到2020年，全面完成全国生态保护红线划定、勘界定标，形成生态保护红线全国“一张图”，实现一条红线管控重要生态空间。制定实施生态保护红线管理办法、保护修复方案，建设国家生态保护红线监管平台，开展生态保护红线监测预警与评估考核。

（二）坚决查处生态破坏行为。2018年年底前，县级及以上地方政府全面排查违法违规挤占生态空间、破坏自然遗迹等行为，制定治理和修复计划并向社会公开。开展病危险尾矿库和“头顶库”专项整治。持续开展

“绿盾”自然保护区监督检查专项行动，严肃查处各类违法违规行为，限期进行整治修复。

（三）建立以国家公园为主体的自然保护地体系。到2020年，完成全国自然保护区范围界限核准和勘界立标，整合设立一批国家公园，自然保护地相关法规和管理制度基本建立。对生态严重退化地区实行封禁管理，稳步实施退耕还林还草和退牧还草，扩大轮作休耕试点，全面推行草原禁牧休牧和草畜平衡制度。依法依规解决自然保护地内的矿业权合理退出问题。全面保护天然林，推进荒漠化、石漠化、水土流失综合治理，强化湿地保护和恢复。加强休渔禁渔管理，推进长江、渤海等重点水域禁捕限捕，加强海洋牧场建设，加大渔业资源增殖放流。推动耕地草原森林河流湖泊海洋休养生息。

## 十、改革完善生态环境治理体系

深化生态环境保护管理体制改革，完善生态环境管理制度，加快构建生态环境治理体系，健全保障举措，增强系统性和完整性，大幅提升治理能力。

（一）完善生态环境监管体系。整合分散的生态环境保护职责，强化生态保护修复和污染防治统一监管，建立健全生态环境保护领导和管理体制、激励约束并举的制度体系、政府企业公众共治体系。全面完成省以下生态环境机构监测监察执法垂直管理制度改革，推进综合执法队伍特别是基层队伍的能力建设。完善农村环境治理体制。健全区域流域海域生态环境管理体制，推进跨地区环保机构试点，加快组建流域环境监管执法机构，按海域设置监管机构。建立独立权威高效的生态环境监测体系，构建天地一体化的生态环境监测网络，实现国家和区域生态环境质量预报预警和质控，按照适度上收生态环境质量监测事权的要求加快推进有关工作。省级党委和政府加快确定生态保护红线、环境质量底线、资源利用上线，制定生态环境准入清单，在地方立法、政策制定、规划编制、执法监管中不得变通突破、降低标准，不符合不衔接不适应的于2020年年底前完成调整。实施生态环境统一监管。推行生态环境损害赔偿制度。编制生态环境保护规划，开展全国生态环境状况评估，建立生态环境保护综合监控平台。推动生态文明示范创建、绿水青山就是金山银山实践创新基地建设活动。

严格生态环境质量管理。生态环境质量只能更好、不能变坏。生态环境质量达标地区要保持稳定并持续改善；生态环境质量不达标地区的市、县级政府，要于2018年年底前制定实施限期达标规划，向上级政府备案并向社会公开。加快推行排污许可制度，对固定污染源实施全过程管理和多污染物协同控制，按行业、地区、时限核发排污许可证，全面落实企业治污责任，强化证后监管和处罚。在长江经济带率先实施入河污染源排放、排污口排放和水体水质联动管理。2020年，将排污许可证制度建设成为固定源环境管理核心制度，实现“一证式”管理。健全环保信用评价、信息强制性披露、严惩重罚等制度。将企业环境信用信息纳入全国信用信息共享平台和国家企业信用信息公示系统，依法通过“信用中国”网站和国家企业信用信息公示系统向社会公示。监督上市公司、发债企业等市场主体全面、及时、准确地披露环境信息。建立跨部门联合奖惩机制。完善国家核安全工作协调机制，强化对核安全工作的统筹。

（二）健全生态环境保护经济政策体系。资金投入向污染防治攻坚战倾斜，坚持投入同攻坚任务相匹配，加大财政投入力度。逐步建立常态化、稳定的财政资金投入机制。扩大中央财政支持北方地区清洁取暖的试点城市范围，国有资本要加大对污染防治的投入。完善居民取暖用气用电定价机制和补贴政策。增加中央财政对国家重点生态功能区、生态保护红线区域等生态功能重要地区的转移支付，继续安排中央预算内投资对重点生态功能区给予支持。各省（自治区、直辖市）合理确定补偿标准，并逐步提高补偿水平。完善助力绿色产业发展的价格、财税、投资等政策。大力发展绿色信贷、绿色债券等金融产品。设立国家绿色发展基金。落实有利于资源节约和生态环境保护的价格政策，落实相关税收优惠政策。研究对从事污染防治的第三方企业比照高新技术企业实行所得税优惠政策，研究出台“散乱污”企业综合治理激励政策。推动环境污染责任保险发展，在环境高风险领域建立环境污染强制责任保险制度。推进社会化生态环境治理和保护。采用直接投资、投资补助、运营补贴等方式，规范支持政府和社会资本合作项目；对政府实施的环境绩效合同服务项目，公共财政支付水平同治理绩效挂钩。鼓励通过政府购买服务方式实施生态环境治理和保护。

（三）健全生态环境保护法治体系。依靠法治保护生态环境，增强全社会生态环境保护法治意识。加快建立绿色生产消费的法律制度和政策导向。加快制定和修改土壤污染防治、固体废物污染防治、长江生态环境保护、海洋环境保护、国家公园、湿地、生态环境监测、排污许可、资源综合利用、空间规划、碳排放权交易管理等方面的法律法规。鼓励地方在生态环境保护领域先于国家进行立法。建立生态环境保护综合执法机关、公安机关、检察机关、审判机关信息共享、案情通报、案件移送制度，完善生态环境保护领域民事、行政公益诉讼制度，加大生态环境违法犯罪行为的制裁和惩处力度。加强涉生态环境保护的司法力量建设。整合组建生态环境保护综合执法队伍，统一实行生态环境保护执法。将生态环境保护综合执法机构列入政府行政执法机构序列，推进执法规范化建设，统一着装、统一标识、统一证件、统一保障执法用车和装备。

（四）强化生态环境保护能力保障体系。增强科技支撑，开展大气污染成因与治理、水体污染控制与治理、土壤污染防治等重点领域科技攻关，实施京津冀环境综合治理重大项目，推进区域性、流域性生态环境问题研究。完成第二次全国污染源普查。开展大数据应用和环境承载力监测预警。开展重点区域、流域、行业环境与健康调查，建立风险监测网络及风险评估体系。健全跨部门、跨区域环境应急协调联动机制，建立全国统一的环境应急预案电子备案系统。国家建立环境应急物资储备信息库，省、市级政府建设环境应急物资储备库，企业环境应急装备和储备物资应纳入储备体系。落实全面从严治党要求，建设规范化、标准化、专业化的生态环境保护人才队伍，打造政治强、本领高、作风硬、敢担当，特别能吃苦、特别能战斗、特别能奉献的生态环境保护铁军。按省、市、县、乡不同层级工作职责配备相应工作力量，保障履职需要，确保同生态环境保护任务相匹配。加强国际交流和履约能力建设，推进生态环境保护国际技术交流和务实合作，支撑核安全和核电共同走出去，积极推动落实2030年可持续发展议程和绿色“一带一路”建设。

（五）构建生态环境保护社会行动体系。把生态环境保护纳入国民教育体系和党政领导干部培训体系，推进国家及各地生态环境教育设施和场所建设，培育普及生态文化。公共机构尤其是党政机关带头使用节能环保产品，推行绿色办公，创建节约型机关。健全生态环境新闻发布机制，充分发挥各类媒体作用。省、市两级要依托党报、电视台、政府网站，曝光突出环境问题，报道整改进展情况。建立政府、企业环境社会风险预防与化解机制。完善环境信息公开制度，加强重特大突发环境事件信息公开，对涉及群众切身利益的重大项目及时主动公开。2020年年底前，地级及以上城市符合条件的环保设施和城市污水垃圾处理设施向社会开放，接受公众参观。强化排污者主体责任，企业应严格守法，规范自身环境行为，落实资金投入、物资保障、生态环境保护措施和应急处置主体责任。实施工业污染源全面达标排放计划。2018年年底前，重点排污单位全部安装自动在线监控设备并同生态环境主管部门联网，依法公开排污信息。到

2020年，实现长江经济带入河排污口监测全覆盖，并将监测数据纳入长江经济带综合信息平台。推动环保社会组织和志愿者队伍规范健康发展，引导环保社会组织依法开展生态环境保护公益诉讼等活动。按照国家有关规定表彰对保护和改善生态环境有显著成绩的单位和个人。完善公众监督、举报反馈机制，保护举报人的合法权益，鼓励设立有奖举报基金。

新思想引领新时代，新使命开启新征程。让我们更加紧密地团结在以习近平同志为核心的党中央周围，以习近平新时代中国特色社会主义思想为指导，不忘初心、牢记使命，锐意进取、勇于担当，全面加强生态环境保护，坚决打好污染防治攻坚战，为决胜全面建成小康社会、实现中华民族伟大复兴的中国梦不懈奋斗。

（新华社，2018年6月24日）

附录 11

# 《生态环境部职能配置、内设机构和人员编制规定》

第一条　根据党的十九届三中全会审议通过的《中共中央关于深化党和国家机构改革的决定》《深化党和国家机构改革方案》和第十三届全国人民代表大会第一次会议批准的《国务院机构改革方案》，制定本规定。

第二条　生态环境部是国务院组成部门，为正部级，对外保留国家核安全局牌子，加挂国家消耗臭氧层物质进出口管理办公室牌子。

第三条　生态环境部贯彻落实党中央关于生态环境保护工作的方针政策和决策部署，在履行职责过程中坚持和加强党对生态环境保护工作的集中统一领导。主要职责是：

（一）负责建立健全生态环境基本制度。会同有关部门拟订国家生态环境政策、规划并组织实施，起草法律法规草案，制定部门规章。会同有关部门编制并监督实施重点区域、流域、海域、饮用水水源地生态环境规划和水功能区划，组织拟订生态环境标准，制定生态环境基准和技术规范。

（二）负责重大生态环境问题的统筹协调和监督管理。牵头协调重特大环境污染事故和生态破坏事件的调查处理，指导协调地方政府对重特大突发生态环境事件的应急、预警工作，牵头指导实施生态环境损害赔偿制度，协调解决有关跨区域环境污染纠纷，统筹协调国家重点区域、流域、海域生态环境保护工作。

（三）负责监督管理国家减排目标的落实。组织制定陆地和海洋各类污染物排放总量控制、排污许可证制度并监督实施，确定大气、水、海洋等纳污能力，提出实施总量控制的污染物名称和控制指标，监督检查各地污染物减排任务完成情况，实施生态环境保护目标责任制。

（四）负责提出生态环境领域固定资产投资规模和方向、国家财政性资金安排的意见，按国务院规定权限审批、核准国家规划内和年度计划规模内固定资产投资项目，配合有关部门做好组织实施和监督工作。参与指导推动循环经济和生态环保产业发展。

（五）负责环境污染防治的监督管理。制定大气、水、海洋、土壤、噪声、光、恶臭、固体废物、化学品、机动车等的污染防治管理制度并监督实施。会同有关部门监督管理饮用水水源地生态环境保护工作，组织指导城乡生态环境综合整治工作，监督指导农业面源污染治理工作。监督指导区域大气环境保护工作，组织实施区域大气污染联防联控协作机制。

（六）指导协调和监督生态保护修复工作。组织编制生态保护规划，监督对生态环境有影响的自然资源开发利用活动、重要生态环境建设和生态破坏恢复工作。组织制定各类自然保护地生态环境监管制度并监督执法。监督野生动植物保护、湿地生态环境保护、荒漠化防治等工作。指导协调和监督农村生态环境保护，监督生物技术环境安全，牵头生物物种（含遗传资源）工作，组织协调生物多样性保护工作，参与生态保护补偿工作。

（七）负责核与辐射安全的监督管理。拟订有关政策、规划、标准，牵头负责核安全工作协调机制有关工作，参与核事故应急处理，负责辐射环境事故应急处理工作。监督管理核设施和放射源安全，监督管理核设施、核技术应用、电磁辐射、伴有放射性矿产资源开发利用中的污染防治。对核材料管制和民用核安全设备设计、制造、安装及无损检验活动实施监督管理。

（八）负责生态环境准入的监督管理。受国务院委托对重大经济和技术政策、发展规划以及重大经济开发计划进行环境影响评价。按国家规定审批或审查重大开发建设区域、规划、项目环境影响评价文件。拟订并组织实施生态环境准入清单。

（九）负责生态环境监测工作。制定生态环境监测制度和规范、拟订相关标准并监督实施。会同有关部门统一规划生态环境质量监测站点设置，组织实施生态环境质量监测、污染源监督性监测、温室气体减排监测、应急监测。组织对生态环境质量状况进行调查评价、预警预测，组织建设和管理国家生态环境监测网和全国生态环境信息网。建立和实行生态环境质量公告制度，统一发布国家生态环境综合性报告和重大生态环境信息。

（十）负责应对气候变化工作。组织拟订应对气候变化及温室气体减排重大战略、规划和政策。与有关部门共同牵头组织参加气候变化国际谈判。负责国家履行联合国气候变化框架公约相关工作。

（十一）组织开展中央生态环境保护督察。建立健全生态环境保护督察制度，组织协调中央生态环境保护督察工作，根据授权对各地区各有关部门贯彻落实中央生态环境保护决策部署情况进行督察问责。指导地方开展生态环境保护督察工作。

（十二）统一负责生态环境监督执法。组织开展全国生态环境保护执法检查活动。查处重大生态环境违法问题。指导全国生态环境保护综合执法队伍建设和业务工作。

（十三）组织指导和协调生态环境宣传教育工作，制定并组织实施生态环境保护宣传教育纲要，推动社会组织和公众参与生态环境保护。开展生态环境科技工作，组织生态环境重大科学研究和技术工程示范，推动生态环境技术管理体系建设。

（十四）开展生态环境国际合作交流，研究提出国际生态环境合作中有关问题的建议，组织协调有关生态环境国际条约的履约工作，参与处理涉外生态环境事务，参与全球陆地和海洋生态环境治理相关工作。

（十五）完成党中央、国务院交办的其他任务。

（十六）职能转变。生态环境部要统一行使生态和城乡各类污染排放监管与行政执法职责，切实履行监管责任，全面落实大气、水、土壤污染防治行动计划，大幅减少进口固体废物种类和数量直至全面禁止洋垃圾入境。构建政府为主导、企业为主体、社会组织和公众共同参与的生态环境治理体系，实行最严格的生态环境保护制度，严守生态保护红线和环境质量底线，坚决打好污染防治攻坚战，保障国家生态安全，建设美丽中国。

第四条　生态环境部设下列内设机构：

（一）办公厅。负责机关日常运转工作，承担信息、安全、保密、信访、政务公开、信息化等工作，承担全国生态环境信息网建设和管理工作。

（二）中央生态环境保护督察办公室。监督生态环境保护党政同责、一岗双责落实情况，拟订生态环境保护督察制度、工作计划、实施方案并组织实施，承担中央生态环境保护督察组织协调工作。承担国务院生态环境保护督察工作领导小组日常工作。

（三）综合司。组织起草生态环境政策、规划，协调和审核生态环境专项规划，组织生态环境统计、污染源普查和生态环境形势分析，承担污染物排放总量控制综合协调和管理工作，拟订生态环境保护年度目标和考核计划。

（四）法规与标准司。起草法律法规草案和规章，承担机关有关规范性文件的合法性审查工作，承担机关行政复议、行政应诉等工作，承担国家生态环境标准、基准和技术规范管理工作。

（五）行政体制与人事司。承担机关、派出机构及直属单位的干部人事、机构编制、劳动工资工作，指导生态环境行业人才队伍建设工作，承担生态环境保护系统领导干部双重管理有关工作，承担生态环境行政体制改革有关工作。

（六）科技与财务司。承担生态环境领域固定资产投资和项目管理相关工作，承担机关和直属单位财务、国有资产管理、内部审计工作。承担生态环境科技工作，参与指导和推动循环经济与生态环保产业发展。

（七）自然生态保护司（生物多样性保护办公室、国家生物安全管理办公室）。组织起草生态保护规划，开展全国生态状况评估，指导生态示范创建。承担自然保护地、生态保护红线相关监管工作。组织开展生物多样性保护、生物遗传资源保护、生物安全管理工作。承担中国生物多样性保护国家委员会秘书处和国家生物安全管理办公室工作。

（八）水生态环境司。负责全国地表水生态环境监管工作，拟订和监督实施国家重点流域生态环境规划，建立和组织实施跨省（国）界水体断面水质考核制度，监督管理饮用水水源地生态环境保护工作，指导入河排污口设置。

（九）海洋生态环境司。负责全国海洋生态环境监管工作，监督陆源污染物排海，负责防治海岸和海洋工程建设项目、海洋油气勘探开发和废弃物海洋倾倒对海洋污染损害的生态环境保护工作，组织划定海洋倾倒区。

（十）大气环境司（京津冀及周边地区大气环境管理局）。负责全国大气、噪声、光、化石能源等污染防治的监督管理，建立对各地区大气环境质量改善目标落实情况考核制度，组织拟订重污染天气应对政策措施，组织协调大气面源污染防治工作。承担京津冀及周边地区大气污染防治领导小组日常工作。

（十一）应对气候变化司。综合分析气候变化对经济社会发展的影响，牵头承担国家履行联合国气候变化框架公约相关工作，组织实施清洁发展机制工作。承担国家应对气候变化及节能减排工作领导小组有关具体工作。

（十二）土壤生态环境司。负责全国土壤、地下水等污染防治和生态保护的监督管理，组织指导农村生态环境保护，监督指导农业面源污染治理工作。

（十三）固体废物与化学品司。负责全国固体废物、化学品、重金属等污染防治的监督管理，组织实施危险废物经营许可及出口核准、固体废物进口许可、有毒化学品进出口登记、新化学物质环境管理登记等环境管理制度。

（十四）核设施安全监管司。承担核与辐射安全法律法规草案的起草，拟订有关政策，负责核安全工作协调机制有关工作，组织辐射环境监测，承担核与辐射事故应急工作，负责核材料管制和民用核安全设备设计、制造、安装及无损检验活动的监督管理。

（十五）核电安全监管司。负责核电厂、研究型反应堆、临界装置等核设施的核安全、辐射安全、辐射环境保护的监督管理。

（十六）辐射源安全监管司。负责核燃料循环设施、放射性废物处理和处置设施、核设施退役项目、核技术利用项目、铀（钍）矿和伴生放射性矿、电磁辐射装置和设施、放射性物质运输的核安全、辐射安全和辐射环境保护、放射性污染治理的监督管理。

（十七）环境影响评价与排放管理司。承担规划环境影响评价、政策环境影响评价、项目环境影响评价工作，承担排污许可综合协调和管理工作，拟订生态环境准入清单并组织实施。

（十八）生态环境监测司。组织开展生态环境监测、温室气体减排监测、应急监测，调查评估全国生态环境质量状况并进行预测预警，承担国家生态环境监测网建设和管理工作。

（十九）生态环境执法局。监督生态环境政策、规划、法规、标准的执行，组织拟订重特大突发生态环境事件和生态破坏事件的应急预案，指导协调调查处理工作，协调解决有关跨区域环境污染纠纷，组织实施建设项目环境保护设施同时设计、同时施工、同时投产使用制度。

（二十）国际合作司。研究提出国际生态环境合作中有关问题的建议，牵头组织有关国际条约的谈判工作，参与处理涉外的生态环境事务，承担与生态环境国际组织联系事务。

（二十一）宣传教育司。研究拟订并组织实施生态环境保护宣传教育纲要，组织开展生态文明建设和环境友好型社会建设的宣传教育工作。承担部新闻审核和发布，指导生态环境舆情收集、研判、应对工作。

机关党委。负责机关和在京派出机构、直属单位的党群工作。

离退休干部办公室。负责离退休干部工作。

第五条　生态环境部机关行政编制478名（含两委人员编制4名、援派机动编制2名、离退休干部工作人员编制10名）。设部长1名，副部长4名，司局级领导职数78名（含总工程师1名、核安全总工程师1名、国家生态环境保护督察专员8名、机关党委专职副书记1名、离退休干部办公室领导职数1名）。

核设施安全监管司、核电安全监管司、辐射源安全监管司既是生态环境部的内设机构，也是国家核安全局的内设机构。核安全总工程师和核设施安全监管司、核电安全监管司、辐射源安全监管司的司长对外可使用“国家核安全局副局长”的名称。

第六条　生态环境部所属华北、华东、华南、西北、西南、东北区域督察局，承担所辖区域内的生态环境保护督察工作。6个督察局行政编制240名，在部机关行政编制总额外单列。各督察局设局长1名、副局长2名、生态环境保护督察专员1名，共24名司局级领导职数。

长江、黄河、淮河、海河、珠江、松辽、太湖流域生态环境监督管理局，作为生态环境部设在七大流域的派出机构，主要负责流域生态环境监管和行政执法相关工作，实行生态环境部和水利部双重领导、以生态环境部为主的管理体制，具体设置、职责和编制事项另行规定。

第七条　生态环境部所属事业单位的设置、职责和编制事项另行规定。

第八条　本规定由中央机构编制委员会办公室负责解释，其调整由中央机构编制委员会办公室按规定程序办理。

第九条　本规定自 2018 年 8 月 1 日起施行。

（中国机构编制网，2018 年 9 月 11 日）

附录 12

# 《生态环境监测网络建设方案》

国办发〔2015〕56 号

生态环境监测是生态环境保护的基础，是生态文明建设的重要支撑。目前，我国生态环境监测网络存在范围和要素覆盖不全，建设规划、标准规范与信息发布不统一，信息化水平和共享程度不高，监测与监管结合不紧密，监测数据质量有待提高等突出问题，难以满足生态文明建设需要，影响了监测的科学性、权威性和政府公信力，必须加快推进生态环境监测网络建设。

## 一、总体要求

（一）指导思想。全面贯彻落实党的十八大和十八届二中、三中、四中全会精神，按照党中央、国务院决策部署，落实《中华人民共和国环境保护法》和《中共中央　国务院关于加快推进生态文明建设的意见》要求，坚持全面设点、全国联网、自动预警、依法追责，形成政府主导、部门协同、社会参与、公众监督的生态环境监测新格局，为加快推进生态文明建设提供有力保障。

（二）基本原则。明晰事权、落实责任。依法明确各方生态环境监测事权，推进部门分工合作，强化监测质量监管，落实政府、企业、社会责任和权利。

健全制度、统筹规划。健全生态环境监测法律法规、标准和技术规范体系，统一规划布局监测网络。

科学监测、创新驱动。依靠科技创新与技术进步，加强监测科研和综合分析，强化卫星遥感等高新技术、先进装备与系统的应用，提高生态环境监测立体化、自动化、智能化水平。

综合集成、测管协同。推进全国生态环境监测数据联网和共享，开展监测大数据分析，实现生态环境监测与监管有效联动。

（三）主要目标。到 2020 年，全国生态环境监测网络基本实现环境质量、重点污染源、生态状况监测全覆盖，各级各类监测数据系统互联共享，监测预报预警、信息化能力和保障水平明显提升，监测与监管协同联动，初步建成陆海统筹、天地一体、上下协同、信息共享的生态环境监测网络，使生态环境监测能力与生态文明建设要求相适应。

## 二、全面设点，完善生态环境监测网络

（四）建立统一的环境质量监测网络。环境保护部会同有关部门统一规划、整合优化环境质量监测点位，建设涵盖大气、水、土壤、噪声、辐射等要素，布局合理、功能完善的全国环境质量监测网络，按照统一的标准规范开展监测和评价，客观、准确反映环境质量状况。

（五）健全重点污染源监测制度。各级环境保护部门确定的重点排污单位必须落实污染物排放自行监测及信息公开的法定责任，严格执行排放

标准和相关法律法规的监测要求。国家重点监控排污单位要建设稳定运行的污染物排放在线监测系统。各级环境保护部门要依法开展监督性监测，组织开展面源、移动源等监测与统计工作。

（六）加强生态监测系统建设。建立天地一体化的生态遥感监测系统，研制、发射系列化的大气环境监测卫星和环境卫星后续星并组网运行；加强无人机遥感监测和地面生态监测，实现对重要生态功能区、自然保护区等大范围、全天候监测。

## 三、全国联网，实现生态环境监测信息集成共享

（七）建立生态环境监测数据集成共享机制。各级环境保护部门以及国土资源、住房城乡建设、交通运输、水利、农业、卫生、林业、气象、海洋等部门和单位获取的环境质量、污染源、生态状况监测数据要实现有效集成、互联共享。国家和地方建立重点污染源监测数据共享与发布机制，重点排污单位要按照环境保护部门要求将自行监测结果及时上传。

（八）构建生态环境监测大数据平台。加快生态环境监测信息传输网络与大数据平台建设，加强生态环境监测数据资源开发与应用，开展大数据关联分析，为生态环境保护决策、管理和执法提供数据支持。

（九）统一发布生态环境监测信息。依法建立统一的生态环境监测信息发布机制，规范发布内容、流程、权限、渠道等，及时准确发布全国环境质量、重点污染源及生态状况监测信息，提高政府环境信息发布的权威性和公信力，保障公众知情权。

## 四、自动预警，科学引导环境管理与风险防范

（十）加强环境质量监测预报预警。提高空气质量预报和污染预警水平，强化污染源追踪与解析。加强重要水体、水源地、源头区、水源涵养区等水质监测与预报预警。加强土壤中持久性、生物富集性和对人体健康危害大的污染物监测。提高辐射自动监测预警能力。

（十一）严密监控企业污染排放。完善重点排污单位污染排放自动监测与异常报警机制，提高污染物超标排放、在线监测设备运行和重要核设施流出物异常等信息追踪、捕获与报警能力以及企业排污状况智能化监控水平。增强工业园区环境风险预警与处置能力。

（十二）提升生态环境风险监测评估与预警能力。定期开展全国生态状况调查与评估，建立生态保护红线监管平台，对重要生态功能区人类干扰、生态破坏等活动进行监测、评估与预警。开展化学品、持久性有机污染物、新型特征污染物及危险废物等环境健康危害因素监测，提高环境风险防控和突发事件应急监测能力。

## 五、依法追责，建立生态环境监测与监管联动机制

（十三）为考核问责提供技术支撑。完善生态环境质量监测与评估指标体系，利用监测与评价结果，为考核问责地方政府落实本行政区域环境质量改善、污染防治、主要污染物排放总量控制、生态保护、核与辐射安全监管等职责任务提供科学依据和技术支撑。

（十四）实现生态环境监测与执法同步。各级环境保护部门依法履行对排污单位的环境监管职责，依托污染源监测开展监管执法，建立监测与

监管执法联动快速响应机制，根据污染物排放和自动报警信息，实施现场同步监测与执法。

（十五）加强生态环境监测机构监管。各级相关部门所属生态环境监测机构、环境监测设备运营维护机构、社会环境监测机构及其负责人要严格按照法律法规要求和技术规范开展监测，健全并落实监测数据质量控制与管理制度，对监测数据的真实性和准确性负责。环境保护部依法建立健全对不同类型生态环境监测机构及环境监测设备运营维护机构的监管制度，制定环境监测数据弄虚作假行为处理办法等规定。各级环境保护部门要加大监测质量核查巡查力度，严肃查处故意违反环境监测技术规范，篡改、伪造监测数据的行为。党政领导干部指使篡改、伪造监测数据的，按照《党政领导干部生态环境损害责任追究办法（试行）》等有关规定严肃处理。

## 六、健全生态环境监测制度与保障体系

（十六）健全生态环境监测法律法规及标准规范体系。研究制定环境监测条例、生态环境质量监测网络管理办法、生态环境监测信息发布管理规定等法规、规章。统一大气、地表水、地下水、土壤、海洋、生态、污染源、噪声、振动、辐射等监测布点、监测和评价技术标准规范，并根据工作需要及时修订完善。增强各部门生态环境监测数据的可比性，确保排污单位、各类监测机构的监测活动执行统一的技术标准规范。

（十七）明确生态环境监测事权。各级环境保护部门主要承担生态环境质量监测、重点污染源监督性监测、环境执法监测、环境应急监测与预报预警等职能。环境保护部适度上收生态环境质量监测事权，准确掌握、客观评价全国生态环境质量总体状况。重点污染源监督性监测和监管重心下移，加强对地方重点污染源监督性监测的管理。地方各级环境保护部门

相应上收生态环境质量监测事权，逐级承担重点污染源监督性监测及环境应急监测等职能。

（十八）积极培育生态环境监测市场。开放服务性监测市场，鼓励社会环境监测机构参与排污单位污染源自行监测、污染源自动监测设施运行维护、生态环境损害评估监测、环境影响评价现状监测、清洁生产审核、企事业单位自主调查等环境监测活动。在基础公益性监测领域积极推进政府购买服务，包括环境质量自动监测站运行维护等。环境保护部要制定相关政策和办法，有序推进环境监测服务社会化、制度化、规范化。

（十九）强化监测科技创新能力。推进环境监测新技术和新方法研究，健全生态环境监测技术体系，促进和鼓励高科技产品与技术手段在环境监测领域的推广应用。鼓励国内科研部门和相关企业研发具有自主知识产权的环境监测仪器设备，推进监测仪器设备国产化；在满足需求的条件下优先使用国产设备，促进国产监测仪器产业发展。积极开展国际合作，借鉴监测科技先进经验，提升我国技术创新能力。

（二十）提升生态环境监测综合能力。研究制定环境监测机构编制标准，加强环境监测队伍建设。加快实施生态环境保护人才发展相关规划，不断提高监测人员综合素质和能力水平。完善与生态环境监测网络发展需求相适应的财政保障机制，重点加强生态环境质量监测、监测数据质量控制、卫星和无人机遥感监测、环境应急监测、核与辐射监测等能力建设，提高样品采集、实验室测试分析及现场快速分析测试能力。完善环境保护监测岗位津贴政策。根据生态环境监测事权，将所需经费纳入各级财政预算重点保障。

地方各级人民政府要加强对生态环境监测网络建设的组织领导，制定具体工作方案，明确职责分工，落实各项任务。

（新华网，2015 年 8 月 12 日）

## 附录 13

# 《关于划定并严守生态保护红线的若干意见》

中共中央办公厅、国务院办公厅 2017 年 2 月 7 日印发

生态空间是指具有自然属性、以提供生态服务或生态产品为主体功能的国土空间，包括森林、草原、湿地、河流、湖泊、滩涂、岸线、海洋、荒地、荒漠、戈壁、冰川、高山冻原、无居民海岛等。生态保护红线是指在生态空间范围内具有特殊重要生态功能、必须强制性严格保护的区域，是保障和维护国家生态安全的底线和生命线，通常包括具有重要水源涵养、生物多样性维护、水土保持、防风固沙、海岸生态稳定等功能的生态功能重要区域，以及水土流失、土地沙化、石漠化、盐渍化等生态环境敏感脆弱区域。党中央、国务院高度重视生态环境保护，作出一系列重大决策部署，推动生态环境保护工作取得明显进展。但是，我国生态环境总体仍比较脆弱，生态安全形势十分严峻。划定并严守生态保护红线，是贯彻落实主体功能区制度、实施生态空间用途管制的重要举措，是提高生态产品供给能力和生态系统服务功能、构建国家生态安全格局的有效手段，是健全生态文明制度体系、推动绿色发展的有力保障。现就划定并严守生态保护红线提出以下意见。

## 一、总体要求

（一）指导思想。全面贯彻党的十八大和十八届三中、四中、五中、六中全会精神，深入贯彻习近平总书记系列重要讲话精神和治国理政新理念新思想新战略，紧紧围绕统筹推进“五位一体”总体布局和协调推进“四个全面”战略布局，牢固树立新发展理念，认真落实党中央、国务院决策部署，以改善生态环境质量为核心，以保障和维护生态功能为主线，按照山水林田湖系统保护的要求，划定并严守生态保护红线，实现一条红线管控重要生态空间，确保生态功能不降低、面积不减少、性质不改变，维护国家生态安全，促进经济社会可持续发展。

（二）基本原则。

——科学划定，切实落地。落实环境保护法等相关法律法规，统筹考虑自然生态整体性和系统性，开展科学评估，按生态功能重要性、生态环境敏感性与脆弱性划定生态保护红线，并落实到国土空间，系统构建国家生态安全格局。

——坚守底线，严格保护。牢固树立底线意识，将生态保护红线作为编制空间规划的基础。强化用途管制，严禁任意改变用途，杜绝不合理开发建设活动对生态保护红线的破坏。

——部门协调，上下联动。加强部门间沟通协调，国家层面做好顶层设计，出台技术规范和政策措施，地方党委和政府落实划定并严守生态保护红线的主体责任，上下联动、形成合力，确保划得实、守得住。

（三）总体目标。2017 年年底前，京津冀区域、长江经济带沿线各省（直辖市）划定生态保护红线；2018 年年底前，其他省（自治区、直辖市）划定生态保护红线；2020 年年底前，全面完成全国生态保护红线划定，勘界定标，基本建立生态保护红线制度，国土生态空间得到优化和有效保护，生态功能保持稳定，国家生态安全格局更加完善。到2030年，生态保护红线布局进一步优化，生态保护红线制度有效实施，生态功能显著提升，国家生态安全得到全面保障。

## 二、划定生态保护红线

依托“两屏三带”为主体的陆地生态安全格局和“一带一链多点”的海洋生态安全格局，采取国家指导、地方组织，自上而下和自下而上相结合，科学划定生态保护红线。

（四）明确划定范围。环境保护部、国家发展改革委会同有关部门，于2017年6月底前制定并发布生态保护红线划定技术规范，明确水源涵养、生物多样性维护、水土保持、防风固沙等生态功能重要区域，以及水土流失、土地沙化、石漠化、盐渍化等生态环境敏感脆弱区域的评价方法，识别生态功能重要区域和生态环境敏感脆弱区域的空间分布。将上述两类区域进行空间叠加，划入生态保护红线，涵盖所有国家级、省级禁止开发区域，以及有必要严格保护的其他各类保护地等。

（五）落实生态保护红线边界。按照保护需要和开发利用现状，主要结合以下几类界线将生态保护红线边界落地：自然边界，主要是依据地形地貌或生态系统完整性确定的边界，如林线、雪线、流域分界线，以及生态系统分布界线等；自然保护区、风景名胜区等各类保护地边界；江河、湖库，以及海岸等向陆域（或向海）延伸一定距离的边界；全国土地调查、地理国情普查等明确的地块边界。将生态保护红线落实到地块，明确生态系统类型、主要生态功能，通过自然资源统一确权登记明确用地性质与土地权属，形成生态保护红线全国“一张图”。在勘界基础上设立统一规范的标识标牌，确保生态保护红线落地准确、边界清晰。

（六）有序推进划定工作。环境保护部、国家发展改革委会同有关部门提出各省（自治区、直辖市）生态保护红线空间格局和分布意见，做好跨省域的衔接与协调，指导各地划定生态保护红线；明确生态保护红线可保护的湿地、草原、森林等生态系统数量，并与生态安全预警监测体系做好衔接。各省（自治区、直辖市）要按照相关要求，建立划定生态保护红线责任制和协调机制，明确责任部门，组织专门力量，制定工作方案，全面论证、广泛征求意见，有序推进划定工作，形成生态保护红线。环境保护部、国家发展改革委会同有关部门组织对各省（自治区、直辖市）生态保护红线进行技术审核并提出意见，报国务院批准后由各省（自治区、直辖市）政府发布实施。在各省（自治区、直辖市）生态保护红线基础上，环境保护部、国家发展改革委会同有关部门进行衔接、汇总，形成全国生态保护红线，并向社会发布。鉴于海洋国土空间的特殊性，国家海洋局根据本意见制定相关技术规范，组织划定并审核海洋国土空间的生态保护红线，纳入全国生态保护红线。

## 三、严守生态保护红线

落实地方各级党委和政府主体责任，强化生态保护红线刚性约束，形成一整套生态保护红线管控和激励措施。

（七）明确属地管理责任。地方各级党委和政府是严守生态保护红线的责任主体，要将生态保护红线作为相关综合决策的重要依据和前提条件，履行好保护责任。各有关部门要按照职责分工，加强监督管理，做好指导协调、日常巡护和执法监督，共守生态保护红线。建立目标责任制，把保护目标、任务和要求层层分解，落到实处。创新激励约束机制，对生态保护红线保护成效突出的单位和个人予以奖励；对造成破坏的，依法依规予以严肃处理。根据需要设置生态保护红线管护岗位，提高居民参与生态保护积极性。

（八）确立生态保护红线优先地位。生态保护红线划定后，相关规划要符合生态保护红线空间管控要求，不符合的要及时进行调整。空间规划编制要将生态保护红线作为重要基础，发挥生态保护红线对于国土空间开发的底线作用。

（九）实行严格管控。生态保护红线原则上按禁止开发区域的要求进行管理。严禁不符合主体功能定位的各类开发活动，严禁任意改变用途。生态保护红线划定后，只能增加、不能减少，因国家重大基础设施、重大民生保障项目建设等需要调整的，由省级政府组织论证，提出调整方案，经环境保护部、国家发展改革委会同有关部门提出审核意见后，报国务院批准。因国家重大战略资源勘查需要，在不影响主体功能定位的前提下，经依法批准后予以安排勘查项目。

（十）加大生态保护补偿力度。财政部会同有关部门加大对生态保护红线的支持力度，加快健全生态保护补偿制度，完善国家重点生态功能区转移支付政策。推动生态保护红线所在地区和受益地区探索建立横向生态保护补偿机制，共同分担生态保护任务。

（十一）加强生态保护与修复。实施生态保护红线保护与修复，作为山水林田湖生态保护和修复工程的重要内容。以县级行政区为基本单元建立生态保护红线台账系统，制定实施生态系统保护与修复方案。优先保护良好生态系统和重要物种栖息地，建立和完善生态廊道，提高生态系统完整性和连通性。分区分类开展受损生态系统修复，采取以封禁为主的自然恢复措施，辅以人工修复，改善和提升生态功能。选择水源涵养和生物多样性维护为主导生态功能的生态保护红线，开展保护与修复示范。有条件的地区，可逐步推进生态移民，有序推动人口适度集中安置，降低人类活动强度，减小生态压力。按照陆海统筹、综合治理的原则，开展海洋国土空间生态保护红线的生态整治修复，切实强化生态保护红线及周边区域污染联防联治，重点加强生态保护红线内入海河流综合整治。

（十二）建立监测网络和监管平台。环境保护部、国家发展改革委、国土资源部会同有关部门建设和完善生态保护红线综合监测网络体系，充分发挥地面生态系统、环境、气象、水文水资源、水土保持、海洋等监测站点和卫星的生态监测能力，布设相对固定的生态保护红线监控点位，及时获取生态保护红线监测数据。建立国家生态保护红线监管平台。依托国务院有关部门生态环境监管平台和大数据，运用云计算、物联网等信息化手段，加强监测数据集成分析和综合应用，强化生态气象灾害监测预警能力建设，全面掌握生态系统构成、分布与动态变化，及时评估和预警生态风险，提高生态保护红线管理决策科学化水平。实时监控人类干扰活动，及时发现破坏生态保护红线的行为，对监控发现的问题，通报当地政府，由有关部门依据各自职能组织开展现场核查，依法依规进行处理。2017年年底前完成国家生态保护红线监管平台试运行。各省(自治区、直辖市)应依托国家生态保护红线监管平台，加强能力建设，建立本行政区监管体系，实施分层级监管，及时接收和反馈信息，核查和处理违法行为。

（十三）开展定期评价。环境保护部、国家发展改革委会同有关部门建立生态保护红线评价机制。从生态系统格局、质量和功能等方面，建立生态保护红线生态功能评价指标体系和方法。定期组织开展评价，及时掌握全国、重点区域、县域生态保护红线生态功能状况及动态变化，评价结果作为优化生态保护红线布局、安排县域生态保护补偿资金和实行领导干部生态环境损害责任追究的依据，并向社会公布。

（十四）强化执法监督。各级环境保护部门和有关部门要按照职责分工加强生态保护红线执法监督。建立生态保护红线常态化执法机制，定期开展执法督查，不断提高执法规范化水平。及时发现和依法处罚破坏生态保护红线的违法行为，切实做到有案必查、违法必究。有关部门要加强与司法机关的沟通协调，健全行政执法与刑事司法联动机制。

（十五）建立考核机制。环境保护部、国家发展改革委会同有关部门，根据评价结果和目标任务完成情况，对各省（自治区、直辖市）党委和政府开展生态保护红线保护成效考核，并将考核结果纳入生态文明建设目标评价考核体系，作为党政领导班子和领导干部综合评价及责任追究、离任审计的重要参考。

（十六）严格责任追究。对违反生态保护红线管控要求、造成生态破坏的部门、地方、单位和有关责任人员，按照有关法律法规和《党政领导干部生态环境损害责任追究办法（试行）》等规定实行责任追究。对推动生态保护红线工作不力的，区分情节轻重，予以诫勉、责令公开道歉、组织处理或党纪政纪处分，构成犯罪的依法追究刑事责任。对造成生态环境和资源严重破坏的，要实行终身追责，责任人不论是否已调离、提拔或者退休，都必须严格追责。

## 四、强化组织保障

（十七）加强组织协调。建立由环境保护部、国家发展改革委牵头的生态保护红线管理协调机制，明确地方和部门责任。各地要加强组织协调，强化监督执行，形成加快划定并严守生态保护红线的工作格局。

（十八）完善政策机制。加快制定有利于提升和保障生态功能的土地、产业、投资等配套政策。推动生态保护红线有关立法，各地要因地制宜，出台相应的生态保护红线管理地方性法规。研究市场化、社会化投融资机制，多渠道筹集保护资金，发挥资金合力。

（十九）促进共同保护。环境保护部、国家发展改革委会同有关部门定期发布生态保护红线监控、评价、处罚和考核信息，各地及时准确发布生态保护红线分布、调整、保护状况等信息，保障公众知情权、参与权和监督权。加大政策宣传力度，发挥媒体、公益组织和志愿者作用，畅通监督举报渠道。

本意见实施后，其他有关生态保护红线的政策规定要按照本意见要求进行调整或废止。各地要抓紧制定实施方案，明确目标任务、责任分工和时间要求，确保各项要求落到实处。

（新华社，2017 年 2 月 7 日）

附录 14

# 《禁止洋垃圾入境　推进固体废物进口管理制度改革实施方案》

国办发〔2017〕70 号

20 世纪 80 年代以来，为缓解原料不足，我国开始从境外进口可用作原料的固体废物。同时，为加强管理，防范环境风险，逐步建立了较为完善的固体废物进口管理制度体系。近年来，各地区、各有关部门在打击洋垃圾走私、加强进口固体废物监管方面做了大量工作，取得一定成效。但是由于一些地方仍然存在重发展轻环保的思想，部分企业为谋取非法利益不惜铤而走险，洋垃圾非法入境问题屡禁不绝，严重危害人民群众身体健康和我国生态环境安全。按照党中央、国务院关于推进生态文明建设和生态文明体制改革的决策部署，为全面禁止洋垃圾入境，推进固体废物进口管理制度改革，促进国内固体废物无害化、资源化利用，保护生态环境安全和人民群众身体健康，制定以下方案。

## 一、总体要求

（一）指导思想。全面贯彻党的十八大和十八届三中、四中、五中、六中全会精神，深入贯彻习近平总书记系列重要讲话精神和治国理政新理念新思想新战略，认真落实党中央、国务院决策部署，统筹推进“五位一体”总体布局和协调推进“四个全面”战略布局，牢固树立和贯彻落实创新、协调、绿色、开放、共享的发展理念，坚持以人民为中心的发展思想，坚持稳中求进工作总基调，以提高发展质量和效益为中心，以供给侧结构性改革为主线，以深化改革为动力，全面禁止洋垃圾入境，完善进口固体废物管理制度；切实加强固体废物回收利用管理，大力发展循环经济，切实改善环境质量、维护国家生态环境安全和人民群众身体健康。

（二）基本原则。坚持疏堵结合、标本兼治。调整完善进口固体废物管理政策，持续保持高压态势，严厉打击洋垃圾走私；提升国内固体废物回收利用水平。

坚持稳妥推进、分类施策。根据环境风险、产业发展现状等因素，分行业分种类制定禁止进口的时间表，分批分类调整进口固体废物管理目录；综合运用法律、经济、行政手段，大幅减少进口种类和数量，全面禁止洋垃圾入境。

坚持协调配合、狠抓落实。各部门要按照职责分工，密切配合、齐抓共管，形成工作合力，加强跟踪督查，确保各项任务按照时间节点落地见效。地方各级人民政府要落实主体责任，切实做好固体废物集散地综合整治、产业转型发展、人员就业安置等工作。

（三）主要目标。严格固体废物进口管理，2017 年年底前，全面禁止进口环境危害大、群众反映强烈的固体废物；2019 年年底前，逐步停止进口国内资源可以替代的固体废物。通过持续加强对固体废物进口、运输、利用等各环节的监管，确保生态环境安全。保持打击洋垃圾走私高压态势，彻底堵住洋垃圾入境。强化资源节约集约利用，全面提升国内固体废物无害化、资源化利用水平，逐步补齐国内资源缺口，为建设美丽中国和全面建成小康社会提供有力保障。

## 二、完善堵住洋垃圾进口的监管制度

（四）禁止进口环境危害大、群众反映强烈的固体废物。2017年7月底前，调整进口固体废物管理目录；2017年年底前，禁止进口生活来源废塑料、未经分拣的废纸以及纺织废料、钒渣等品种。（环境保护部、商务部、国家发展改革委、海关总署、质检总局负责落实）

（五）逐步有序减少固体废物进口种类和数量。分批分类调整进口固体废物管理目录，大幅减少固体废物进口种类和数量。（环境保护部、商务部、国家发展改革委、海关总署、质检总局负责落实，2019年年底前完成）

（六）提高固体废物进口门槛。进一步加严标准，修订《进口可用作原料的固体废物环境保护控制标准》，加严夹带物控制指标。（环境保护部、质检总局负责落实，2017年年底前完成）印发《进口废纸环境保护管理规定》，提高进口废纸加工利用企业规模要求。(环境保护部负责落实，2017年年底前完成）

（七）完善法律法规和相关制度。修订《固体废物进口管理办法》，限定固体废物进口口岸，减少固体废物进口口岸数量。（环境保护部、商务部、国家发展改革委、海关总署、质检总局负责落实，2018年年底前完成）完善固体废物进口许可证制度，取消贸易单位代理进口。（环境保护部、商务部、国家发展改革委、海关总署、质检总局负责落实，2017年年底前完成）增加固体废物鉴别单位数量，解决鉴别难等突出问题。（环境保护部、海关总署、质检总局负责落实，2017年年底前完成）适时提请修订《中华人民共和国固体废物污染环境防治法》等法律法规，提高对走私洋垃圾、非法进口固体废物等行为的处罚标准。（环境保护部、海关总署、质检总局、国务院法制办负责落实，2019年年底前完成）

（八）保障政策平稳过渡。做好政策解读和舆情引导工作，依法依规公开政策调整实施的时间节点、管理要求。（中央宣传部、国家网信办、环境保护部、商务部、国家发展改革委、海关总署、质检总局负责落实，2020 年年底前完成）综合运用现有政策措施，促进行业转型，优化产业结构，做好相关从业人员再就业等保障工作。（各有关地方人民政府负责落实，2020 年年底前完成）

## 三、强化洋垃圾非法入境管控

（九）持续严厉打击洋垃圾走私。将打击洋垃圾走私作为海关工作的重中之重，严厉查处走私危险废物、医疗废物、电子废物、生活垃圾等违法行为。深入推进各类专项打私行动，加大海上和沿边非设关地打私工作力度，封堵洋垃圾偷运入境通道，严厉打击货运渠道藏匿、伪报、瞒报、倒证倒货等走私行为。对专项打私行动中发现的洋垃圾，坚决依法予以退运或销毁。（海关总署、公安部、中国海警局负责长期落实）联合开展强化监管严厉打击洋垃圾违法专项行动，重点打击走私、非法进口利用废塑料、废纸、生活垃圾、电子废物、废旧服装等固体废物的各类违法行为。（海关总署、环境保护部、质检总局、公安部负责落实，2017 年 11 月底前完成）对废塑料进口及加工利用企业开展联合专项稽查，重点查处倒卖证件、倒卖货物、企业资质不符等问题。（海关总署、环境保护部、质检总局负责落实，2017 年 11 月底前完成）

（十）加大全过程监管力度。从严审查进口固体废物申请，减量审批固体废物进口许可证，控制许可进口总量。（环境保护部负责长期落实）加强进口固体废物装运前现场检验、结果审核、证书签发等关键控制点的监督管理，强化入境检验检疫，严格执行现场开箱、掏箱规定和查验标准。（质检总局负责长期落实）进一步加大进口固体废物查验力度，严格落实“三个100%”（已配备集装箱检查设备的100%过机，没有配备集装箱检查设备的100%开箱，以及100%过磅）查验要求。（海关总署负责长期落实）加强对重点风险监管企业的现场检查，严厉查处倒卖、非法加工利用进口固体废物以及其他环境违法行为。（环境保护部、海关总署负责长期落实）

（十一）全面整治固体废物集散地。开展全国典型废塑料、废旧服装和电子废物等废物堆放处置利用集散地专项整治行动。贯彻落实《土壤污染防治行动计划》，督促各有关地方人民政府对电子废物、废轮胎、废塑料等再生利用活动进行清理整顿，整治情况列入中央环保督察重点内容。（环境保护部、国家发展改革委、工业和信息化部、商务部、工商总局、各有关地方人民政府负责落实，2017年年底前完成）

## 四、建立堵住洋垃圾入境长效机制

（十二）落实企业主体责任。强化日常执法监管，加大对走私洋垃圾、非法进口固体废物、倒卖或非法加工利用固体废物等违法犯罪行为的查处力度。加强法治宣传培训，进一步提高企业守法意识。（海关总署、环境保护部、公安部、质检总局负责长期落实）建立健全中央与地方、部门与部门之间执法信息共享机制，将固体废物利用处置违法企业信息在全国信用信息共享平台、“信用中国”网站和国家企业信用信息公示系统上公示，开展联合惩戒。（国家发展改革委、工业和信息化部、公安部、财政部、环境保护部、商务部、海关总署、工商总局、质检总局等负责长期落实）

（十三）建立国际合作机制。推动与越南等东盟国家建立洋垃圾反走私合作机制，适时发起区域性联合执法行动。利用国际执法合作渠道，强化洋垃圾境外源头地情报研判，加强与世界海关组织、国际刑警组织、联合国环境规划署等机构的合作，建立完善走私洋垃圾退运国际合作机制。（海关总署、公安部、环境保护部负责长期落实）

（十四）开拓新的再生资源渠道。推动贸易和加工模式转变，主动为国内企业“走出去”提供服务，指导相关企业遵守所在国的法律法规，爱护当地资源和环境，维护中国企业良好形象。（国家发展改革委、工业和信息化部、商务部负责长期落实）

## 五、提升国内固体废物回收利用水平

（十五）提高国内固体废物回收利用率。加快国内固体废物回收利用体系建设，建立健全生产者责任延伸制，推进城乡生活垃圾分类，提高国内固体废物的回收利用率，到 2020 年，将国内固体废物回收量由 2015 年的2.46亿吨提高到3.5亿吨。（国家发展改革委、工业和信息化部、商务部、住房城乡建设部负责落实）

（十六）规范国内固体废物加工利用产业发展。发挥“城市矿产”示范基地、资源再生利用重大示范工程、循环经济示范园区等的引领作用和回收利用骨干企业的带动作用，完善再生资源回收利用基础设施，促进国内固体废物加工利用园区化、规模化和清洁化发展。（国家发展改革委、工业和信息化部、商务部负责长期落实）

（十七）加大科技研发力度。提升固体废物资源化利用装备技术水平。提高废弃电器电子产品、报废汽车拆解利用水平。鼓励和支持企业联合科研院所、高校开展非木纤维造纸技术装备研发和产业化，着力提高竹子、芦苇、蔗渣、秸秆等非木纤维应用水平，加大非木纤维清洁制浆技术推广力度。（国家发展改革委、工业和信息化部、科技部、商务部负责长期

落实）

（十八）切实加强宣传引导。加大对固体废物进口管理和打击洋垃圾走私成效的宣传力度，及时公开违法犯罪典型案例，彰显我国保护生态环境安全和人民群众身体健康的坚定决心。积极引导公众参与垃圾分类，倡导绿色消费，抵制过度包装。大力推进“互联网 +”订货、设计、生产、销售、物流模式，倡导节约使用纸张、塑料等，努力营造全社会共同支持、积极践行保护环境和节约资源的良好氛围。（中央宣传部、国家发展改革委、工业和信息化部、环境保护部、住房城乡建设部、商务部、海关总署、质检总局、国家网信办负责长期落实）

（新华社，2017 年 7 月 27 日）

## 附录 15

# 《关于深化环境监测改革提高环境监测数据质量的意见》

中共中央办公厅、国务院办公厅 2017 年 9 月 21 日发布

环境监测是保护环境的基础工作，是推进生态文明建设的重要支撑。环境监测数据是客观评价环境质量状况、反映污染治理成效、实施环境管理与决策的基本依据。当前，地方不当干预环境监测行为时有发生，相关部门环境监测数据不一致现象依然存在，排污单位监测数据弄虚作假屡禁不止，环境监测机构服务水平良莠不齐，导致环境监测数据质量问题突出，制约了环境管理水平提高。为切实提高环境监测数据质量，现提出如下意见。

## 一、总体要求

（一）指导思想。全面贯彻党的十八大和十八届三中、四中、五中、六中全会精神，深入贯彻习近平总书记系列重要讲话精神和治国理政新理念新思想新战略，紧紧围绕统筹推进“五位一体”总体布局和协调推进“四个全面”战略布局，牢固树立和贯彻落实新发展理念，认真落实党中央、国务院决策部署，立足我国生态环境保护需要，坚持依法监测、科学

监测、诚信监测，深化环境监测改革，构建责任体系，创新管理制度，强化监管能力，依法依规严肃查处弄虚作假行为，切实保障环境监测数据质量，提高环境监测数据公信力和权威性，促进环境管理水平全面提升。

（二）基本原则。

——创新机制，健全法规。改革环境监测质量保障机制，完善环境监测质量管理制度，健全环境监测法律法规和标准规范。

——多措并举，综合防范。综合运用法律、经济、技术和必要的行政手段，预防不当干预，规范监测行为，加强部门协作，推进信息公开，形成政策措施合力。

——明确责任，强化监管。明确地方党委和政府以及相关部门、排污单位和环境监测机构的责任，加大弄虚作假行为查处力度，严格问责，形成高压震慑态势。

（三）主要目标。到 2020 年，通过深化改革，全面建立环境监测数据质量保障责任体系，健全环境监测质量管理制度，建立环境监测数据弄虚作假防范和惩治机制，确保环境监测机构和人员独立公正开展工作，确保环境监测数据全面、准确、客观、真实。

## 二、坚决防范地方和部门不当干预

（四）明确领导责任和监管责任。地方各级党委和政府建立健全防范和惩治环境监测数据弄虚作假的责任体系和工作机制，并对防范和惩治环境监测数据弄虚作假负领导责任。对弄虚作假问题突出的市（地、州、盟），环境保护部或省级环境保护部门可公开约谈其政府负责人，责成当地政府查处和整改。被环境保护部约谈的市（地、州、盟），省级环境保护部门对相关责任人依照有关规定提出处分建议，交由所在地党委和政府依纪依法予以处理，并将处理结果书面报告环境保护部、省级党委和政府。

各级环境保护、质量技术监督部门依法对环境监测机构负监管责任，其他相关部门要加强对所属环境监测机构的数据质量管理。各相关部门发现对弄虚作假行为包庇纵容、监管不力，以及有其他未依法履职行为的，依照规定向有关部门移送直接负责的主管人员和其他责任人员的违规线索，依纪依法追究其责任。

（五）强化防范和惩治。研究制定防范和惩治领导干部干预环境监测活动的管理办法，明确情形认定，规范查处程序，细化处理规定，重点解决地方党政领导干部和相关部门工作人员利用职务影响，指使篡改、伪造环境监测数据，限制、阻挠环境监测数据质量监管执法，影响、干扰对环境监测数据弄虚作假行为查处和责任追究，以及给环境监测机构和人员下达环境质量改善考核目标任务等问题。

（六）实行干预留痕和记录。明确环境监测机构和人员的记录责任与义务，规范记录事项和方式，对党政领导干部与相关部门工作人员干预环境监测的批示、函文、口头意见或暗示等信息，做到全程留痕、依法提取、介质存储、归档备查。对不如实记录或隐瞒不报不当干预行为并造成严重后果的相关人员，应予以通报批评和警告。

## 三、大力推进部门环境监测协作

（七）依法统一监测标准规范与信息发布。环境保护部依法制定全国统一的环境监测规范，加快完善大气、水、土壤等要素的环境质量监测和排污单位自行监测标准规范，健全国家环境监测量值溯源体系。会同有关部门建设覆盖我国陆地、海洋、岛礁的国家环境质量监测网络。各级各类环境监测机构和排污单位要按照统一的环境监测标准规范开展监测活动，切实解决不同部门同类环境监测数据不一致、不可比的问题。

环境保护部门统一发布环境质量和其他重大环境信息。其他相关部门发布信息中涉及环境质量内容的，应与同级环境保护部门协商一致或采用环境保护部门依法公开发布的环境质量信息。

（八）健全行政执法与刑事司法衔接机制。环境保护部门查实的篡改伪造环境监测数据案件，尚不构成犯罪的，除依照有关法律法规进行处罚外，依法移送公安机关予以拘留；对涉嫌犯罪的，应当制作涉嫌犯罪案件移送书、调查报告、现场勘查笔录、涉案物品清单等证据材料，及时向同级公安机关移送，并将案件移送书抄送同级检察机关。公安机关应当依法接受，并在规定期限内书面通知环境保护部门是否立案。检察机关依法履行法律监督职责。环境保护部门与公安机关及检察机关对企业超标排放污染物情况通报、环境执法督察报告等信息资源实行共享。

## 四、严格规范排污单位监测行为

（九）落实自行监测数据质量主体责任。排污单位要按照法律法规和相关监测标准规范开展自行监测，制定监测方案，保存完整的原始记录、监测报告，对数据的真实性负责，并按规定公开相关监测信息。对通过篡改、伪造监测数据等逃避监管方式违法排放污染物的，环境保护部门依法实施按日连续处罚。

（十）明确污染源自动监测要求。建立重点排污单位自行监测与环境质量监测原始数据全面直传上报制度。重点排污单位应当依法安装使用污染源自动监测设备，定期检定或校准，保证正常运行，并公开自动监测结果。自动监测数据要逐步实现全国联网。逐步在污染治理设施、监测站房、排放口等位置安装视频监控设施，并与地方环境保护部门联网。取消环境保护部门负责的有效性审核。重点排污单位自行开展污染源自动监测的手工比对，及时处理异常情况，确保监测数据完整有效。自动监测数据可作为环境行政处罚等监管执法的依据。

## 五、准确界定环境监测机构数据质量责任

（十一）建立“谁出数谁负责、谁签字谁负责”的责任追溯制度。环境监测机构及其负责人对其监测数据的真实性和准确性负责。采样与分析人员、审核与授权签字人分别对原始监测数据、监测报告的真实性终身负责。对违法违规操作或直接篡改、伪造监测数据的，依纪依法追究相关人员责任。

（十二）落实环境监测质量管理制度。环境监测机构应当依法取得检验检测机构资质认定证书。建立覆盖布点、采样、现场测试、样品制备、分析测试、数据传输、评价和综合分析报告编制等全过程的质量管理体系。专门用于在线自动监测监控的仪器设备应当符合环境保护相关标准规范要求。使用的标准物质应当是有证标准物质或具有溯源性的标准物质。

## 六、严厉惩处环境监测数据弄虚作假行为

（十三）严肃查处监测机构和人员弄虚作假行为。环境保护、质量技术监督部门对环境监测机构开展“双随机”检查，强化事中事后监管。环境监测机构和人员弄虚作假或参与弄虚作假的，环境保护、质量技术监督部门及公安机关依法给予处罚；涉嫌犯罪的，移交司法机关依法追究相关责任人的刑事责任。从事环境监测设施维护、运营的人员有实施或参与篡

改、伪造自动监测数据、干扰自动监测设施、破坏环境质量监测系统等行为的，依法从重处罚。

环境监测机构在提供环境服务中弄虚作假，对造成的环境污染和生态破坏负有责任的，除依法处罚外，检察机关、社会组织和其他法律规定的机关提起民事公益诉讼或者省级政府授权的行政机关依法提起生态环境损害赔偿诉讼时，可以要求环境监测机构与造成环境污染和生态破坏的其他责任者承担连带责任。

（十四）严厉打击排污单位弄虚作假行为。排污单位存在监测数据弄虚作假行为的，环境保护部门、公安机关依法予以处罚；涉嫌犯罪的，移交司法机关依法追究直接负责的主管人员和其他责任人的刑事责任，并对单位判处罚金；排污单位法定代表人强令、指使、授意、默许监测数据弄虚作假的，依纪依法追究其责任。

（十五）推进联合惩戒。各级环境保护部门应当将依法处罚的环境监测数据弄虚作假企业、机构和个人信息向社会公开，并依法纳入全国信用信息共享平台，同时将企业违法信息依法纳入国家企业信用信息公示系统，实现一处违法、处处受限。

（十六）加强社会监督。广泛开展宣传教育，鼓励公众参与，完善举报制度，将环境监测数据弄虚作假行为的监督举报纳入“12369”环境保护举报和“12365”质量技术监督举报受理范围。充分发挥环境监测行业协会的作用，推动行业自律。

## 七、加快提高环境监测质量监管能力

（十七）完善法规制度。研究制定环境监测条例，加大对环境监测数据弄虚作假行为的惩处力度。对侵占、损毁或擅自移动、改变环境质量监测设施和污染物排放自动监测设备的，依法处罚。制定环境监测与执法联动办法、环境监测机构监管办法等规章制度。探索建立环境监测人员数据弄虚作假从业禁止制度。研究建立排污单位环境监测数据真实性自我举证制度。推进监测数据采集、传输、存储的标准化建设。

（十八）健全质量管理体系。结合现有资源建设国家环境监测量值溯源与传递实验室、污染物计量与实物标准实验室、环境监测标准规范验证实验室、专用仪器设备适用性检测实验室，提高国家环境监测质量控制水平。提升区域环境监测质量控制和管理能力，在华北、东北、西北、华东、华南、西南等地区，委托有条件的省级环境监测机构承担区域环境监测质量控制任务，对区域内环境质量监测活动进行全过程监督。

（十九）强化高新技术应用。加强大数据、人工智能、卫星遥感等高新技术在环境监测和质量管理中的应用，通过对环境监测活动全程监控，实现对异常数据的智能识别、自动报警。开展环境监测新技术、新方法和全过程质控技术研究，加快便携、快速、自动监测仪器设备的研发与推广应用，提升环境监测科技水平。

各地区各有关部门要按照党中央、国务院统一部署和要求，结合实际制定具体实施方案，明确任务分工、时间节点，扎实推进各项任务落实。地方各级党委和政府要结合环保机构监测监察执法垂直管理制度改革，加强对环境监测工作的组织领导，及时研究解决环境监测发展改革、机构队伍建设等问题，保障监测业务用房、业务用车和工作经费。环境保护部要把各地落实本意见情况作为中央环境保护督察的重要内容。中央组织部、国家发展改革委、财政部、监察部等有关部门要统筹落实责任追究、项目建设、经费保障、执纪问责等方面的事项。

（新华社，2017 年 9 月 21 日）

附录 16

# 《关于建立资源环境承载能力监测预警长效机制的若干意见》

中共中央办公厅、国务院办公厅印发（厅字〔2017〕25 号）

为深入贯彻落实党中央、国务院关于深化生态文明体制改革的战略部署，推动实现资源环境承载能力监测预警规范化、常态化、制度化，引导和约束各地严格按照资源环境承载能力谋划经济社会发展，现提出以下意见。

## 一、总体要求

（一）指导思想。全面贯彻党的十八大和十八届三中、四中、五中、六中全会精神，以邓小平理论、“三个代表”重要思想、科学发展观为指导，深入贯彻习近平总书记系列重要讲话精神和治国理政新理念新思想新战略，认真落实党中央、国务院决策部署，紧紧围绕统筹推进“五位一体”总体布局和协调推进“四个全面”战略布局，牢固树立和贯彻落实新发展理念，坚定不移实施主体功能区战略和制度，建立手段完备、数据共享、实时高效、管控有力、多方协同的资源环境承载能力监测预警长效机制，有效规范空间开发秩序，合理控制空间开发强度，切实将各类开发活动限制在资源环境承载能力之内，为构建高效协调可持续的国土空间开发格局奠定坚实基础。

（二）基本原则。

——坚持定期评估与实时监测相结合。针对不同区域资源环境承载能力状况，定期开展全域和特定区域评估，实时监测重点区域动态，提高监测预警效率。

——坚持设施建设与制度建设相结合。结合资源环境承载能力监测预警需求，既强化相关基础设施建设，又着力完善配套政策和创新体制机制，增强监测预警能力。

——坚持从严管制与有效激励相结合。针对不同资源环境超载类型，坚持陆海统筹，因地制宜制定差异化、可操作的管控制度，既限制资源环境恶化地区，又激励资源环境改善地区，提高监测预警水平。

——坚持政府监管与社会监督相结合。坚持统分结合、上下联动、整体推进，强化政府监管能力，鼓励社会各方积极参与，充分发挥社会监督作用，形成监测预警合力。

## 二、管控机制

（三）综合配套措施。资源环境承载能力分为超载、临界超载、不超载三个等级，根据资源环境耗损加剧与趋缓程度，进一步将超载等级分为红色和橙色两个预警等级、临界超载等级分为黄色和蓝色两个预警等级、不超载等级确定为绿色无警等级，预警等级从高到低依次为红色、橙色、黄色、蓝色、绿色。

对红色预警区、绿色无警区以及资源环境承载能力预警等级降低或者提高的地区，分别实行对应的综合奖惩措施。对从临界超载恶化为超载的地区，参照红色预警区综合配套措施进行处理；对从不超载恶化为临界超载的地区，参照超载地区水资源、土地资源、环境、生态、海域等单项管控措施酌情进行处理，必要时可参照红色预警区综合配套措施进行处理；对从超载转变为临界超载或者从临界超载转变为不超载的地区，实施不同程度的奖励性措施。

对红色预警区，针对超载因素实施最严格的区域限批，依法暂停办理相关行业领域新建、改建、扩建项目审批手续，明确导致超载产业退出的时间表，实行城镇建设用地减量化；对现有严重破坏资源环境承载能力、违法排污破坏生态资源的企业，依法限制生产、停产整顿，并依法依规采取罚款、责令停业、关闭以及将相关责任人移送行政拘留等措施从严惩处，构成犯罪的依法追究刑事责任；对监管不力的政府部门负责人及相关责任人，根据情节轻重实施行政处分直至追究刑事责任；对在生态环境和资源方面造成严重破坏负有责任的干部，不得提拔使用或者转任重要职务，视情况给予诫勉、责令公开道歉、组织处理或者党纪政纪处分；当地政府要根据超载因素制定系统性减缓超载程度的行动方案，限期退出红色预警区。

对绿色无警区，研究建立生态保护补偿机制和发展权补偿制度，鼓励符合主体功能定位的适宜产业发展，加大绿色金融倾斜力度，提高领导干部生态文明建设目标评价考核权重。

（四）水资源管控措施。对水资源超载地区，暂停审批建设项目新增取水许可，制定并严格实施用水总量削减方案，对主要用水行业领域实施更严格的节水标准，退减不合理灌溉面积，落实水资源费差别化征收政策，积极推进水资源税改革试点；对临界超载地区，暂停审批高耗水项目，严格管控用水总量，加大节水和非常规水源利用力度，优化调整产业结构；对不超载地区，严格控制水资源消耗总量和强度，强化水资源保护和入河排污监管。

（五）土地资源管控措施。对土地资源超载地区，原则上不新增建设用地指标，实行城镇建设用地零增长，严格控制各类新城新区和开发区设立，对耕地、草原资源超载地区，研究实施轮作休耕、禁牧休牧制度，禁止耕地、草原非农非牧使用，大幅降低耕地施药施肥强度和畜禽粪污排放强度；对临界超载地区，严格管控建设用地总量，逐步提高存量土地供应比例，用地指标向基础设施和公益项目倾斜，严格限制耕地、草原非农非牧使用；对不超载地区，鼓励存量建设用地供应，巩固和提升耕地质量，实施草畜平衡制度。

（六）环境管控措施。对环境超载地区，率先执行排放标准的特别排放限值，规定更加严格的排污许可要求，实行新建、改建、扩建项目重点污染物排放加大减量置换，暂缓实施区域性排污权交易；对临界超载地区，加密监测敏感污染源，实施严格的排污许可管理，实行新建、改建、扩建项目重点污染物排放减量置换，采取有效措施严格防范突发区域性、系统性重大环境事件；对不超载地区，实行新建、改建、扩建项目重点污染物排放等量置换。

（七）生态管控措施。加强对江、湖、河、山脉等自然生态系统的保护，在重要江、湖、河、山脉及周边划定管控红线，实施最严格的保护措施，最大程度地保障整体生态安全。对生态超载地区，制定限期生态修复方案，实行更严格的定期精准巡查制度，必要时实施生态移民搬迁，对生态系统严重退化地区实行封禁管理，促进生态系统自然修复；对临界超载地区，加密监测生态功能退化风险区域，科学实施山水林田湖系统修复治理，合理疏解人口，遏制生态系统退化趋势；对不超载地区，建立生态产品价值实现机制，综合运用投资、财政、金融等政策工具，支持绿色生态经济发展。

（八）海域管控措施。对超载海域，属于空间资源超载的，依法依规禁止岸线开发和新上围填海项目，研究实施海岸建筑退缩线制度；属于渔业资源超载的，逐年降低近海捕捞和养殖总量限额，加大减船转产力度；属于生态环境超载的，大幅提高水质较差的入海河流断面水质考核要求，严格控制上游相关污染物入河量，依法禁止新增入海排污口和向海排放的污水处理厂，通过清理规范整顿，逐步减少现有入海排污口，暂停审批新建、改建、扩建海洋（岸）工程建设项目；属于无居民海岛资源环境超载的，禁止无居民海岛开发建设，限期开展生态受损无居民海岛整治修复。对临界超载海域，属于空间资源临界超载的，原则上不再审批新增占用自然岸线的用海项目和围填海项目；属于渔业资源临界超载的，强化海洋渔业资源养护和栖息地保护，引导近岸海水养殖区向离岸深水区转移；属于生态环境临界超载的，严格执行并逐步提高入海河流断面水质考核要求，严格控制向海排污的海洋（岸）工程建设项目；属于无居民海岛资源环境临界超载的，除国家重大项目建设用岛、国防用岛和自然观光科研教育旅游外，禁止其他开发建设。

## 三、管理机制

（九）建设监测预警数据库和信息技术平台。建立多部门监测站网协同布局机制，重点加强薄弱环节和县级监测网点布设，实现资源环境承载能力监测网络全国全覆盖。规范监测、调查、普查、统计等分类和技术标准，建立分布式数据信息协同服务体系，加强历史数据规范化加工和实时数据标准化采集，健全资源环境承载能力监测数据采集、存储与共享服务体制机制。

整合集成各有关部门资源环境承载能力监测数据，建设监测预警数据库，运用云计算、大数据处理及数据融合技术，实现数据实时共享和动态更新。基于各有关部门相关单项评价监测预警系统，搭建资源环境承载能力监测预警智能分析与动态可视化平台，实现资源环境承载能力的综合监管、动态评估与决策支持。建立资源环境承载能力监测预警政务互动平台，定期向社会发布监测预警信息。

（十）建立一体化监测预警评价机制。运用资源环境承载能力监测预警信息技术平台，结合国土普查每 5 年同步组织开展一次全国性资源环境承载能力评价，每年对临界超载地区开展一次评价，实时对超载地区开展评价，动态了解和监测预警资源环境承载能力变化情况。

资源环境承载能力监测预警综合评价结论，要根据各类评价要素及其权重综合集成得出，并经有关部门共同协商达成一致后对外发布。各单项评价结论要与综合评价结论以及其他相关单项评价结论协同校验后对外发布。全国性和区域性资源环境承载能力监测预警评价结论，要与省级和市县级行政区资源环境承载能力监测预警评价结论进行纵向会商、彼此校验，完善指标和阈值设计，准确解析超载成因，科学设计限制性和鼓励性配套措施，增强监测预警的有效性和精准性。建立突发资源环境警情应急协同机制，对重要警情协同监测、快速识别、会商预报。

（十一）建立监测预警评价结论统筹应用机制。编制实施经济社会发展总体规划、专项规划和区域规划，要依据不同区域的资源环境承载能力监测预警评价结论，科学确定规划目标任务和政策措施，合理调整优化产业规模和布局，引导各类市场主体按照资源环境承载能力谋划发展。编制空间规划，要先行开展资源环境承载能力评价，根据监测预警评价结论，科学划定空间格局、设定空间开发目标任务、设计空间管控措施，并注重开发强度管控和用途管制。

将资源环境承载能力纳入自然资源及其产品价格形成机制，构建反映市场供求和资源稀缺程度的价格决策程序。将资源环境承载能力监测预警评价结论纳入领导干部绩效考核体系，将资源环境承载能力变化状况纳入领导干部自然资源资产离任审计范围。

（十二）建立政府与社会协同监督机制。国家发展改革委会同有关部门和地方政府通过书面通知、约谈或者公告等形式，对超载地区、临界超载地区进行预警提醒，督促相关地区转变发展方式，降低资源环境压力。超载地区要根据超载状况和超载成因，因地制宜制定治理规划，明确资源环境达标任务的时间表和路线图。开展超载地区限制性措施落实情况监督考核和责任追究，对限制性措施落实不力、资源环境持续恶化地区的政府和企业等，建立信用记录，纳入全国信用信息共享平台，依法依规严肃追责。

开展资源环境承载能力监测预警评价、超载地区资源环境治理等，要主动接受社会监督，发挥媒体、公益组织和志愿者作用，鼓励公众举报资源环境破坏行为。加大资源环境承载能力监测预警的宣传教育和科学普及力度，保障公众知情权、参与权、监督权。

## 四、保障措施

（十三）加强组织领导。国家发展改革委要加强对资源环境承载能力监测预警工作的统筹协调，会同有关部门于2018年年底前建立监测预警数据库和信息技术平台，于2020年年底前组织完成资源环境承载能力普查，并发布综合评价结论。重大事项和主要成效等要及时向党中央、国务院报告。地方各级党委和政府要高度重视资源环境承载能力监测预警工作，建立主要领导负总责的协调机制，适时发布本地区资源环境承载能力监测预警报告，制定实施限制性和激励性措施，强化监督执行，确保实施成效。

（十四）细化配套政策。各有关部门要按照职责分工，抓紧制定各单项监测能力建设方案，完善监测站网布设，加强数据信息共享；加快出台土地、海洋、财政、产业、投资等细化配套政策，明确具体措施和责任主体，切实发挥资源环境承载能力监测预警的引导约束作用。

（十五）提升保障能力。综合多学科优势力量，建立专家人才库，组织开展技术交流培训，提升资源环境承载能力监测预警人才队伍专业化水平。建立资源环境承载能力监测预警经费保障机制，确保资源环境承载能力监测预警机制高效运转、发挥实效。

（新华社，2017 年 9 月 20 日）

附录 17

# 《生态环境损害赔偿制度改革方案》

中共中央办公厅、国务院办公厅 2017 年 12 月 17 日发布

生态环境损害赔偿制度是生态文明制度体系的重要组成部分。党中央、国务院高度重视生态环境损害赔偿工作，党的十八届三中全会明确提出对造成生态环境损害的责任者严格实行赔偿制度。2015 年，中共中央办公厅、国务院办公厅印发《生态环境损害赔偿制度改革试点方案》（中办发〔2015〕57 号），在吉林等 7 个省市部署开展改革试点，取得明显成效。为进一步在全国范围内加快构建生态环境损害赔偿制度，在总结各地区改革试点实践经验基础上，制定本方案。

## 一、总体要求和目标

通过在全国范围内试行生态环境损害赔偿制度，进一步明确生态环境损害赔偿范围、责任主体、索赔主体、损害赔偿解决途径等，形成相应的鉴定评估管理和技术体系、资金保障和运行机制，逐步建立生态环境损害的修复和赔偿制度，加快推进生态文明建设。

自 2018 年 1 月 1 日起，在全国试行生态环境损害赔偿制度。到 2020 年，力争在全国范围内初步构建责任明确、途径畅通、技术规范、保障有力、赔偿到位、修复有效的生态环境损害赔偿制度。

## 二、工作原则

——依法推进，鼓励创新。按照相关法律法规规定，立足国情和地方实际，由易到难、稳妥有序开展生态环境损害赔偿制度改革工作。对法律未作规定的具体问题，根据需要提出政策和立法建议。

——环境有价，损害担责。体现环境资源生态功能价值，促使赔偿义务人对受损的生态环境进行修复。生态环境损害无法修复的，实施货币赔偿，用于替代修复。赔偿义务人因同一生态环境损害行为需承担行政责任或刑事责任的，不影响其依法承担生态环境损害赔偿责任。

——主动磋商，司法保障。生态环境损害发生后，赔偿权利人组织开展生态环境损害调查、鉴定评估、修复方案编制等工作，主动与赔偿义务人磋商。磋商未达成一致，赔偿权利人可依法提起诉讼。

——信息共享，公众监督。实施信息公开，推进政府及其职能部门共享生态环境损害赔偿信息。生态环境损害调查、鉴定评估、修复方案编制等工作中涉及公共利益的重大事项应当向社会公开，并邀请专家和利益相关的公民、法人、其他组织参与。

## 三、适用范围

本方案所称生态环境损害，是指因污染环境、破坏生态造成大气、地表水、地下水、土壤、森林等环境要素和植物、动物、微生物等生物要素的不利改变，以及上述要素构成的生态系统功能退化。

（一）有下列情形之一的，按本方案要求依法追究生态环境损害赔偿责任：

1. 发生较大及以上突发环境事件的；

2. 在国家和省级主体功能区规划中划定的重点生态功能区、禁止开发区发生环境污染、生态破坏事件的；

3. 发生其他严重影响生态环境后果的。各地区应根据实际情况，综合考虑造成的环境污染、生态破坏程度以及社会影响等因素，明确具体情形。

（二）以下情形不适用本方案：

1. 涉及人身伤害、个人和集体财产损失要求赔偿的，适用侵权责任法等法律规定；

2. 涉及海洋生态环境损害赔偿的，适用海洋环境保护法等法律及相关规定。

## 四、工作内容

（一）明确赔偿范围。生态环境损害赔偿范围包括清除污染费用、生态环境修复费用、生态环境修复期间服务功能的损失、生态环境功能永久性损害造成的损失以及生态环境损害赔偿调查、鉴定评估等合理费用。各地区可根据生态环境损害赔偿工作进展情况和需要，提出细化赔偿范围的建议。鼓励各地区开展环境健康损害赔偿探索性研究与实践。

（二）确定赔偿义务人。违反法律法规，造成生态环境损害的单位或个人，应当承担生态环境损害赔偿责任，做到应赔尽赔。现行民事法律和资源环境保护法律有相关免除或减轻生态环境损害赔偿责任规定的，按相应规定执行。各地区可根据需要扩大生态环境损害赔偿义务人范围，提出相关立法建议。

（三）明确赔偿权利人。国务院授权省级、市地级政府（包括直辖市所辖的区县级政府，下同）作为本行政区域内生态环境损害赔偿权利人。省域内跨市地的生态环境损害，由省级政府管辖；其他工作范围划分由省级政府根据本地区实际情况确定。省级、市地级政府可指定相关部门或机构负责生态环境损害赔偿具体工作。省级、市地级政府及其指定的部门或机构均有权提起诉讼。跨省域的生态环境损害，由生态环境损害地的相关省级政府协商开展生态环境损害赔偿工作。

在健全国家自然资源资产管理体制试点区，受委托的省级政府可指定统一行使全民所有自然资源资产所有者职责的部门负责生态环境损害赔偿具体工作；国务院直接行使全民所有自然资源资产所有权的，由受委托代行该所有权的部门作为赔偿权利人开展生态环境损害赔偿工作。

各省（自治区、直辖市）政府应当制定生态环境损害索赔启动条件、鉴定评估机构选定程序、信息公开等工作规定，明确国土资源、环境保护、住房城乡建设、水利、农业、林业等相关部门开展索赔工作的职责分工。建立对生态环境损害索赔行为的监督机制，赔偿权利人及其指定的相关部门或机构的负责人、工作人员在索赔工作中存在滥用职权、玩忽职守、徇私舞弊的，依纪依法追究责任；涉嫌犯罪的，移送司法机关。

对公民、法人和其他组织举报要求提起生态环境损害赔偿的，赔偿权利人及其指定的部门或机构应当及时研究处理和答复。

（四）开展赔偿磋商。经调查发现生态环境损害需要修复或赔偿的，赔偿权利人根据生态环境损害鉴定评估报告，就损害事实和程度、修复启动时间和期限、赔偿的责任承担方式和期限等具体问题与赔偿义务人进行磋商，统筹考虑修复方案技术可行性、成本效益最优化、赔偿义务人赔偿能力、第三方治理可行性等情况，达成赔偿协议。对经磋商达成的赔偿协议，可以依照民事诉讼法向人民法院申请司法确认。经司法确认的赔偿协议，赔偿义务人不履行或不完全履行的，赔偿权利人及其指定的部门或机构可向人民法院申请强制执行。磋商未达成一致的，赔偿权利人及其指定的部门或机构应当及时提起生态环境损害赔偿民事诉讼。

（五）完善赔偿诉讼规则。各地人民法院要按照有关法律规定、依托现有资源，由环境资源审判庭或指定专门法庭审理生态环境损害赔偿民事案件；根据赔偿义务人主观过错、经营状况等因素试行分期赔付，探索多样化责任承担方式。

各地人民法院要研究符合生态环境损害赔偿需要的诉前证据保全、先予执行、执行监督等制度；可根据试行情况，提出有关生态环境损害赔偿诉讼的立法和制定司法解释建议。鼓励法定的机关和符合条件的社会组织依法开展生态环境损害赔偿诉讼。

生态环境损害赔偿制度与环境公益诉讼之间衔接等问题，由最高人民法院商有关部门根据实际情况制定指导意见予以明确。

（六）加强生态环境修复与损害赔偿的执行和监督。赔偿权利人及其指定的部门或机构对磋商或诉讼后的生态环境修复效果进行评估，确保生态环境得到及时有效修复。生态环境损害赔偿款项使用情况、生态环境修复效果要向社会公开，接受公众监督。

（七）规范生态环境损害鉴定评估。各地区要加快推进生态环境损害鉴定评估专业力量建设，推动组建符合条件的专业评估队伍，尽快形成评估能力。研究制定鉴定评估管理制度和工作程序，保障独立开展生态环境损害鉴定评估，并做好与司法程序的衔接。为磋商提供鉴定意见的鉴定评估机构应当符合国家有关要求；为诉讼提供鉴定意见的鉴定评估机构应当遵守司法行政机关等的相关规定规范。

（八）加强生态环境损害赔偿资金管理。经磋商或诉讼确定赔偿义务人的，赔偿义务人应当根据磋商或判决要求，组织开展生态环境损害的修复。赔偿义务人无能力开展修复工作的，可以委托具备修复能力的社会第三方机构进行修复。修复资金由赔偿义务人向委托的社会第三方机构支付。赔偿义务人自行修复或委托修复的，赔偿权利人前期开展生态环境损害调查、鉴定评估、修复效果后评估等费用由赔偿义务人承担。

赔偿义务人造成的生态环境损害无法修复的，其赔偿资金作为政府非税收入，全额上缴同级国库，纳入预算管理。赔偿权利人及其指定的部门或机构根据磋商或判决要求，结合本区域生态环境损害情况开展替代修复。

## 五、保障措施

（一）落实改革责任。各省（自治区、直辖市）、市（地、州、盟）党委和政府要加强对生态环境损害赔偿制度改革的统一领导，及时制定本地区实施方案，明确改革任务和时限要求，大胆探索，扎实推进，确保各项改革措施落到实处。省（自治区、直辖市）政府成立生态环境损害赔偿制度改革工作领导小组。省级、市地级政府指定的部门或机构，要明确有关人员专门负责生态环境损害赔偿工作。国家自然资源资产管理体制试点部门要明确任务、细化责任。

吉林、江苏、山东、湖南、重庆、贵州、云南 7 个试点省市试点期间的实施方案可以结合试点情况和本方案要求进行调整完善。

各省（自治区、直辖市）在改革试行过程中，要及时总结经验，完善相关制度。自 2019 年起，每年 3 月底前将上年度本行政区域生态环境损害赔偿制度改革工作情况送环境保护部汇总后报告党中央、国务院。

（二）加强业务指导。环境保护部会同相关部门负责指导有关生态环境损害调查、鉴定评估、修复方案编制、修复效果后评估等业务工作。最高人民法院负责指导有关生态环境损害赔偿的审判工作。最高人民检察院负责指导有关生态环境损害赔偿的检察工作。司法部负责指导有关生态环境损害司法鉴定管理工作。财政部负责指导有关生态环境损害赔偿资金管理工作。国家卫生计生委、环境保护部对各地区环境健康问题开展调查研究或指导地方开展调查研究，加强环境与健康综合监测与风险评估。

（三）加快技术体系建设。国家建立健全统一的生态环境损害鉴定评估技术标准体系。环境保护部负责制定完善生态环境损害鉴定评估技术标准体系框架和技术总纲；会同相关部门出台或修订生态环境损害鉴定评估的专项技术规范；会同相关部门建立服务于生态环境损害鉴定评估的数据平台。相关部门针对基线确定、因果关系判定、损害数额量化等损害鉴定关键环节，组织加强关键技术与标准研究。

（四）做好经费保障。生态环境损害赔偿制度改革工作所需经费由同级财政予以安排。

（五）鼓励公众参与。不断创新公众参与方式，邀请专家和利益相关的公民、法人、其他组织参加生态环境修复或赔偿磋商工作。依法公开生态环境损害调查、鉴定评估、赔偿、诉讼裁判文书、生态环境修复效果报告等信息，保障公众知情权。

## 六、其他事项

2015 年印发的《生态环境损害赔偿制度改革试点方案》自 2018 年 1 月 1 日起废止。

（新华社，2017 年 12 月 17 日）

附录 18

# 《关于统筹推进自然资源资产产权制度改革的指导意见》

中共中央办公厅、国务院办公厅 2019 年 4 月 14 日印发

自然资源资产产权制度是加强生态保护、促进生态文明建设的重要基础性制度。改革开放以来，我国自然资源资产产权制度逐步建立，在促进自然资源节约集约利用和有效保护方面发挥了积极作用，但也存在自然资源资产底数不清、所有者不到位、权责不明晰、权益不落实、监管保护制度不健全等问题，导致产权纠纷多发、资源保护乏力、开发利用粗放、生态退化严重。为加快健全自然资源资产产权制度，进一步推动生态文明建设，现提出如下意见。

## 一、总体要求

（一）指导思想。以习近平新时代中国特色社会主义思想为指导，全面贯彻党的十九大和十九届二中、三中全会精神，全面落实习近平生态文明思想，认真贯彻党中央、国务院决策部署，紧紧围绕统筹推进“五位一体”总体布局和协调推进“四个全面”战略布局，以完善自然资源资产产

权体系为重点，以落实产权主体为关键，以调查监测和确权登记为基础，着力促进自然资源集约开发利用和生态保护修复，加强监督管理，注重改革创新，加快构建系统完备、科学规范、运行高效的中国特色自然资源资产产权制度体系，为完善社会主义市场经济体制、维护社会公平正义、建设美丽中国提供基础支撑。

（二）基本原则。

——坚持保护优先、集约利用。正确处理资源保护与开发利用的关系，既要发挥自然资源资产产权制度在严格保护资源、提升生态功能中的基础作用，又要发挥在优化资源配置、提高资源开发利用效率、促进高质量发展中的关键作用。

——坚持市场配置、政府监管。以扩权赋能、激发活力为重心，健全自然资源资产产权制度，探索自然资源资产所有者权益的多种有效实现形式，发挥市场配置资源的决定性作用，努力提升自然资源要素市场化配置水平；加强政府监督管理，促进自然资源权利人合理利用资源。

——坚持物权法定、平等保护。依法明确全民所有自然资源资产所有权的权利行使主体，健全自然资源资产产权体系和权能，完善自然资源资产产权法律体系，平等保护各类自然资源资产产权主体合法权益，更好发挥产权制度在生态文明建设中的激励约束作用。

——坚持依法改革、试点先行。坚持重大改革于法有据，既要发挥改革顶层设计的指导作用，又要鼓励支持地方因地制宜、大胆探索，为制度创新提供鲜活经验。

（三）总体目标。到 2020 年，归属清晰、权责明确、保护严格、流转顺畅、监管有效的自然资源资产产权制度基本建立，自然资源开发利用效率和保护力度明显提升，为完善生态文明制度体系、保障国家生态安全和资源安全、推动形成人与自然和谐发展的现代化建设新格局提供有力支撑。

## 二、主要任务

（四）健全自然资源资产产权体系。适应自然资源多种属性以及国民经济和社会发展需求，与国土空间规划和用途管制相衔接，推动自然资源资产所有权与使用权分离，加快构建分类科学的自然资源资产产权体系，着力解决权利交叉、缺位等问题。处理好自然资源资产所有权与使用权的关系，创新自然资源资产全民所有权和集体所有权的实现形式。落实承包土地所有权、承包权、经营权“三权分置”，开展经营权入股、抵押。探索宅基地所有权、资格权、使用权“三权分置”。加快推进建设用地地上、地表和地下分别设立使用权，促进空间合理开发利用。探索研究油气探采合一权利制度，加强探矿权、采矿权授予与相关规划的衔接。依据不同矿种、不同勘查阶段地质工作规律，合理延长探矿权有效期及延续、保留期限。根据矿产资源储量规模，分类设定采矿权有效期及延续期限。依法明确采矿权抵押权能，完善探矿权、采矿权与土地使用权、海域使用权衔接机制。探索海域使用权立体分层设权，加快完善海域使用权出让、转让、抵押、出租、作价出资（入股）等权能。构建无居民海岛产权体系，试点探索无居民海岛使用权转让、出租等权能。完善水域滩涂养殖权利体系，依法明确权能，允许流转和抵押。理顺水域滩涂养殖的权利与海域使用权、土地承包经营权，取水权与地下水、地热水、矿泉水采矿权的关系。

（五）明确自然资源资产产权主体。推进相关法律修改，明确国务院授权国务院自然资源主管部门具体代表统一行使全民所有自然资源资产所有者职责。研究建立国务院自然资源主管部门行使全民所有自然资源资产所有权的资源清单和管理体制。探索建立委托省级和市（地）级政府代理行使自然资源资产所有权的资源清单和监督管理制度，法律授权省级、市（地）级或县级政府代理行使所有权的特定自然资源除外。完善全民所有自然资源资产收益管理制度，合理调整中央和地方收益分配比例和支出结构，并加大对生态保护修复支持力度。推进农村集体所有的自然资源资产所有权确权，依法落实农村集体经济组织特别法人地位，明确农村集体所有自然资源资产由农村集体经济组织代表集体行使所有权，增强对农村集体所有自然资源资产的管理和经营能力，农村集体经济组织成员对自然资源资产享有合法权益。保证自然人、法人和非法人组织等各类市场主体依法平等使用自然资源资产、公开公平公正参与市场竞争，同等受到法律保护。

（六）开展自然资源统一调查监测评价。加快研究制定统一的自然资源分类标准，建立自然资源统一调查监测评价制度，充分利用现有相关自然资源调查成果，统一组织实施全国自然资源调查，掌握重要自然资源的数量、质量、分布、权属、保护和开发利用状况。研究建立自然资源资产核算评价制度，开展实物量统计，探索价值量核算，编制自然资源资产负债表。建立自然资源动态监测制度，及时跟踪掌握各类自然资源变化情况。建立统一权威的自然资源调查监测评价信息发布和共享机制。

（七）加快自然资源统一确权登记。总结自然资源统一确权登记试点经验，完善确权登记办法和规则，推动确权登记法治化，重点推进国家公园等各类自然保护地、重点国有林区、湿地、大江大河重要生态空间确权登记工作，将全民所有自然资源资产所有权代表行使主体登记为国务院自然资源主管部门，逐步实现自然资源确权登记全覆盖，清晰界定全部国土空间各类自然资源资产的产权主体，划清各类自然资源资产所有权、使用权的边界。建立健全登记信息管理基础平台，提升公共服务能力和水平。

（八）强化自然资源整体保护。编制实施国土空间规划，划定并严守生态保护红线、永久基本农田、城镇开发边界等控制线，建立健全国土空间用途管制制度、管理规范和技术标准，对国土空间实施统一管控，强化山水林田湖草整体保护。加强陆海统筹，以海岸线为基础，统筹编制海岸带开发保护规划，强化用途管制，除国家重大战略项目外，全面停止新增围填海项目审批。对生态功能重要的公益性自然资源资产，加快构建以国家公园为主体的自然保护地体系。国家公园范围内的全民所有自然资源资产所有权由国务院自然资源主管部门行使或委托相关部门、省级政府代理行使。条件成熟时，逐步过渡到国家公园内全民所有自然资源资产所有权由国务院自然资源主管部门直接行使。已批准的国家公园试点全民所有自然资源资产所有权具体行使主体在试点期间可暂不调整。积极预防、及时制止破坏自然资源资产行为，强化自然资源资产损害赔偿责任。探索建立政府主导、企业和社会参与、市场化运作、可持续的生态保护补偿机制，对履行自然资源资产保护义务的权利主体给予合理补偿。健全自然保护地内自然资源资产特许经营权等制度，构建以产业生态化和生态产业化为主体的生态经济体系。鼓励政府机构、企业和其他社会主体，通过租赁、置换、赎买等方式扩大自然生态空间，维护国家和区域生态安全。依法依规解决自然保护地内的探矿权、采矿权、取水权、水域滩涂养殖捕捞的权利、特许经营权等合理退出问题。

（九）促进自然资源资产集约开发利用。既要通过完善价格形成机制，扩大竞争性出让，发挥市场配置资源的决定性作用，又要通过总量和强度控制，更好发挥政府管控作用。深入推进全民所有自然资源资产有偿使用制度改革，加快出台国有森林资源资产和草原资源资产有偿使用制度改革方案。全面推进矿业权竞争性出让，调整与竞争性出让相关的探矿权、采矿权审批方式。有序放开油气勘查开采市场，完善竞争出让方式和程序，制定实施更为严格的区块退出管理办法和更为便捷合理的区块流转管理办法。健全水资源资产产权制度，根据流域生态环境特征和经济社会发展需求确定合理的开发利用管控目标，着力改变分割管理、全面开发的状况，实施对流域水资源、水能资源开发利用的统一监管。完善自然资源资产分等定级价格评估制度和资产审核制度。完善自然资源资产开发利用标准体系和产业准入政策，将自然资源资产开发利用水平和生态保护要求作为选择使用权人的重要因素并纳入出让合同。完善自然资源资产使用权转让、出租、抵押市场规则，规范市场建设，明确受让人开发利用自然资源资产的要求。统筹推进自然资源资产交易平台和服务体系建设，健全市场监测监管和调控机制，建立自然资源资产市场信用体系，促进自然资源资产流转顺畅、交易安全、利用高效。

（十）推动自然生态空间系统修复和合理补偿。坚持政府管控与产权激励并举，增强生态修复合力。编制实施国土空间生态修复规划，建立健全山水林田湖草系统修复和综合治理机制。坚持谁破坏、谁补偿原则，建立健全依法建设占用各类自然生态空间和压覆矿产的占用补偿制度，严格占用条件，提高补偿标准。落实和完善生态环境损害赔偿制度，由责任人承担修复或赔偿责任。对责任人灭失的，遵循属地管理原则，按照事权由各级政府组织开展修复工作。按照谁修复、谁受益原则，通过赋予一定期限的自然资源资产使用权等产权安排，激励社会投资主体从事生态保护修复。

（十一）健全自然资源资产监管体系。发挥人大、行政、司法、审计和社会监督作用，创新管理方式方法，形成监管合力，实现对自然资源资产开发利用和保护的全程动态有效监管，加强自然资源督察机构对国有自然资源资产的监督，国务院自然资源主管部门按照要求定期向国务院报告国有自然资源资产报告。各级政府按要求向本级人大常委会报告国有自然资源资产情况，接受权力机关监督。建立科学合理的自然资源资产管理考核评价体系，开展领导干部自然资源资产离任审计，落实完善党政领导干部自然资源资产损害责任追究制度。完善自然资源资产产权信息公开制度，强化社会监督。充分利用大数据等现代信息技术，建立统一的自然资源数据库，提升监督管理效能。建立自然资源行政执法与行政检察衔接平台，实现信息共享、案情通报、案件移送，通过检察法律监督，推动依法行政、严格执法。完善自然资源资产督察执法体制，加强督察执法队伍建设，严肃查处自然资源资产产权领域重大违法案件。

（十二）完善自然资源资产产权法律体系。全面清理涉及自然资源资产产权制度的法律法规，对不利于生态文明建设和自然资源资产产权保护的规定提出具体废止、修改意见，按照立法程序推进修改。系统总结农村土地制度改革试点经验，加快土地管理法修订步伐。根据自然资源资产产权制度改革进程，推进修订矿产资源法、水法、森林法、草原法、海域使用管理法、海岛保护法等法律及相关行政法规。完善自然资源资产产权登记制度。研究制定国土空间开发保护法。加快完善以国家公园为主体的自然保护地法律法规体系。建立健全协商、调解、仲裁、行政裁决、行政复议和诉讼等有机衔接、相互协调、多元化的自然资源资产产权纠纷解决机制。全面落实公益诉讼和生态环境损害赔偿诉讼等法律制度，构建自然资源资产产权民事、行政、刑事案件协同审判机制。适时公布严重侵害自然资源资产产权的典型案例。

## 三、实施保障

（十三）加强党对自然资源资产产权制度改革的统一领导。自然资源资产产权制度改革涉及重大利益调整，事关改革发展稳定全局，必须在党的集中统一领导下推行。各地区各有关部门要增强“四个意识”，不折不扣贯彻落实党中央、国务院关于自然资源资产产权制度改革的重大决策部署，确保改革有序推进、落地生效。建立统筹推进自然资源资产产权制度改革的工作机制，明确部门责任，制定时间表和路线图，加强跟踪督办，推动落实改革任务。强化中央地方联动，及时研究解决改革推进中的重大问题。

（十四）深入开展重大问题研究。重点开展自然资源资产价值、国家所有权、委托代理、收益分配、宅基地“三权分置”、自然资源资产负债表、空间开发权利等重大理论和实践问题研究，系统总结我国自然资源资产产权制度实践经验，开展国内外比较研究和国际交流合作，加强相关学科建设和人才培养，构建我国自然资源资产产权理论体系。

（十五）统筹推进试点。对自然资源资产产权制度改革涉及的具体内容，现行法律、行政法规没有明确禁止性规定的，鼓励地方因地制宜开展探索，充分积累实践经验；改革涉及具体内容需要突破现行法律、行政法规明确禁止性规定的，选择部分地区开展试点，在依法取得授权后部署实施。在福建、江西、贵州、海南等地探索开展全民所有自然资源资产所有权委托代理机制试点，明确委托代理行使所有权的资源清单、管理制度和收益分配机制；在国家公园体制试点地区、山水林田湖草生态保护修复工程试点区、国家级旅游业改革创新先行区、生态产品价值实现机制试点地区等区域，探索开展促进生态保护修复的产权激励机制试点，吸引社会资本参与生态保护修复；在全民所有自然资源资产有偿使用试点地区、农村土地制度改革试点地区等其他区域，部署一批健全产权体系、促进资源集约开发利用和加强产权保护救济的试点。强化试点工作统筹协调，及时总结试点经验，形成可复制可推广的制度成果。

（十六）加强宣传引导。加强政策解读，系统阐述自然资源资产产权制度改革的重大意义、基本思路和重点任务。利用世界地球日、世界环境日、世界海洋日、世界野生动植物日、世界湿地日、全国土地日等重要纪念日，开展形式多样的宣传活动。

（新华社，2019年4月14日）

# 后　记

《生态环境管理体制改革研究论集》是中国机构编制管理研究会与中国行政管理学会、中国行政体制改革研究会、联合国开发计划署、生态环境部环境保护对外合作中心5家单位共同策划的系列专题研讨会的研究成果，集中体现了30多位国内外生态环境管理和公共管理领域的专家学者、生态环境部及地方生态环境部门、中央编办及地方机构编制部门以及其他有关部门实务工作者的集体智慧。

中国机构编制管理研究会（以下简称“研究会”）于2004年3月30日在北京成立，是由中央机构编制委员会办公室主管的、在民政部登记的全国性社会团体，主要职能是围绕党和国家机构改革、行政管理体制改革、机构编制管理进行理论和实践研究，为党和政府科学决策提供服务。15年来，研究会始终将对重大体制改革问题的研究作为自身最重要的使命任务，不断提升研究能力，增强自身活力，广泛联系专家学者，致力于在党和国家机构改革、行政体制改革领域发挥参谋咨询作用。在新一轮深化党和国家机构改革中，中央编委领导体制和中央编办管理体制作出重大调整，研究会将主动适应新形势新任务新变化，深刻认识机构编制的政治性、人民性、战略性、权威性，提高政治站位，拓宽研究视野，从党和国家事业全局高度谋划和推进相关研究工作。生态环境部环境保护对外合作中心（现为生态环境部对外合作与交流中心，以下简称“合作中心”）于1997年正式成立，负责中国环境保护领域利用国际金融组织资金、履约项目资金、双边援助资金及其他对外环境合作事务的管理工作。为进一步加强环境国际公约履约工作，2016年加挂环境公约履约技术中心牌子，主要负责组织开展环境公约政策研究，参与相关环境公约谈判，承担国内履约活动的具体技术性、事务性工作。合作中心充分发挥立足国内、面向国际的前沿优势和环境保护对外合作的桥梁和窗口作用，加强了对全球环境政策的研究和国际服务咨询，跟踪与研究全球环境热点问题、环境政策动态，取得了卓有成效的成绩。在这一轮党和国家机构改革中，生态环境管理体制有了重大变革，中央决定组建生态环境部，这对合作中心的研究工作提出了新的要求。为充分结合主要合作方的优势和力量，本书的编著者由研究会和合作中心的人员共同组成，其中，黄文平（中国机构编制管理研究会会长）为主编，陈亮（原环境保护对外合作中心主任）、于宁（中国机构编制管理研究会副会长）、肖学智（原环境保护对外合作中心副主任）、洪都（中国机构编制管理研究会副会长）为副主编，双方共同努力促成研讨会及研讨会成果的后续应用。

党的十八大以来，党中央、国务院把生态文明建设和环境保护摆上了更加重要的战略位置，将生态文明建设纳入“五位一体”中国特色社会主义总体布局。习近平总书记对环境保护提出了一系列新理念新思想新战略，多次强调“绿水青山就是金山银山”，要求坚定不移地推动绿色发展，谋求最佳质量效益。2018年5月18日至19日，全国生态环境保护大会召开，会议确立了“习近平生态文明思想”。“习近平生态文明思想”是习近平新时代中国特色社会主义思想的重要组成部分，是对党的十八大以来习近平总书记围绕生态文明建设提出的一系列新理念新思想新战略的高度概括和科学总结，是新时代生态文明建设的根本遵循和行动指南。为进一步推进生态文明建设，从2016年上半年开始，研究会多次与生态环境部行政体制与人事司、环保对外合作中心沟通，商讨确定主题、研讨会开法，并最终达成一致。经多方努力，最终确定将“环境保护治理体系与治理能力”作为大主题，研讨会连续召开三年，每年在大主题之下精心策划分议题。参加人员覆盖国内外相关领域的专家学者和实务部门人员。2016年9月16日，组织召开了第一次研讨会，分议题为“区域流域环境治理体系”“环境行政执法体系”“环境监测体系”；2017年9月5日，组织召开了第二次研讨会，分议题为“区域大气环境管理体制改革”“生态环保管理体制改革”“农村环保管理体制改革”；2018年9月21日，组织召开了第三次研讨会，结合党和国家机构改革的情况，大主题表述调整为“生态环境治理体系与治理能力”，分议题为“生态环境管理体制”“生态环境保护综合执法体制”“应对气候变化管理体制”。2016年和2017年的研讨会成果已经通过《环境保护体制改革研究》一书完整地呈现给相关领域的研究者和读者。2018年的研讨会成果，我们将通过《生态环境管理体制改革研究论集》一书呈现。同时，为了帮助读者了解十八大以来党中央对生态环境管理体制改革的部署和有关方针政策，附录选择刊载了2018年以来党中央、国务院发布的涉及体制改革的重要政策文件、生态环境部部长在全国环境保护工作会议上的讲话摘录以及政策部门的公开文章。

重大政策的出台需要研究支撑，研究成果又体现和支持了改革政策，两者互相补充、共同促进。我们将这些研究成果集结出版，一方面，能比较完整地记录政策的发展和研究历程；另一方面，方便在更大范围传播研究成果，丰富相关领域的研究。需要特别指出的是，成书时，我们对发言顺序根据主题和全书的逻辑结构要求略做调整。

本书引用了学界同行的研究成果、有关部门和地方的资料数据以及新闻报道中的相关资料和数据，并尽量注明了出处，当然，难免有疏漏和不当之处，敬请读者指正！

编 者

2019年9月30日